PETITE ÉCOLE

D'AGRICULTURE

TYPOGRAPHIE FIRMIN-DIDOT. — MESNIL (EURE).

PETITE ÉCOLE

D'AGRICULTURE

PAR

P. JOIGNEAUX

―――

PARIS

LIBRAIRIE AGRICOLE DE LA MAISON RUSTIQUE

26, RUE JACOB, 26

―

1878

Tous droits réservés.

PETITE

ÉCOLE D'AGRICULTURE

Pour qui ce livre est écrit.

Je me proposais de vous dire que j'écris ceci pour les enfants, mais j'ai presque peur de me brouiller avec mes lecteurs avant d'engager la conversation avec eux. Où sont-ils les enfants? A cinq ou six ans, le mot déplaît déjà; à douze ans, on n'en veut plus; à quinze c'est une offense. Donc, toute réflexion faite, j'écris pour les jeunes garçons qui ne sont pas encore de jeunes hommes et pour les jeunes filles qui ne sont pas encore en âge d'être mariées.

C'est le moment de les prendre. La mémoire, à cet âge-là, est bonne et garde ce qu'on lui confie; l'intelligence est souple et s'ouvre aisément aux leçons convenablement faites; les impressions sont vives et les plus petites choses peuvent avoir de gros résultats. C'est comme avec les arbres; tout jeunes, ils deviennent ce que nous voulons qu'ils soient; ils vont au gré de nos caprices; plus tard, il leur arrive de résister et de se rompre au lieu de fléchir.

Ce que j'ai à dire, je le dirai simplement. N'attendez ni grandes phrases, ni grands mots. Il faut que l'on me comprenne du premier coup et j'espère bien que, d'une façon ou de l'autre, je réussirai à me faire comprendre. Et peut-être qu'en visant les jeunes, j'attraperai de loin en loin des vieux. J'en sais de ceux-ci qui se passionnent tout d'un coup pour les distractions de la vie rurale, qui sortent de la ville pour se faire un nid dans les champs, et qui, ne sachant rien de ce qu'il convient de savoir, seront fort aises d'apprendre quelque chose.

I. — Faites de l'enfant un petit fermier.

Quand je cherche dans mes souvenirs, je trouve ceci : Jusqu'à l'âge de sept ou huit ans, les enfants sont de petits singes qui veulent imiter tout ce qui se fait autour d'eux, mais ils passent vite d'une distraction à une autre; ils ne s'arrêtent à aucune. Par exemple, ils ont vu semer des graines et lever des plantes, ils en sèmeront à leur tour pour les

voir-lever encore, mais la plupart du temps, avant
même que la germination se fasse, ils oublient le
semis, ou, tout au moins, ils ne s'y intéressent
guère.

A partir de huit ans, c'est une autre affaire. On
continue de semer par esprit d'imitation, mais on
a soin de marquer la place où la graine a été en-
terrée et il ne se passe pas de jour qu'on ne la
visite plusieurs fois. Si prompte que soit la levée,
on s'impatiente en l'attendant, on gratte la terre
pour surprendre le germe, et dès qu'on l'a vu on est
heureux. Le jour où la plante se montre, c'est un
événement dans la vie, on la soigne, on la fatigue
d'attentions, on ne l'abandonne plus.

Malheureusement, à cet âge, personne ne prend
au sérieux les travaux et les désirs de l'enfant ; il
est rare que, dans sa famille, on consente à lui
abandonner deux ou trois mètres de terrain. C'est
le tort que l'on a, et ce tort est à peu près géné-
ral. Je n'oublierai de ma vie, pour mon compte,
combien j'eus de peine à obtenir un tout petit coin
de terre pour y mettre les fleurs que je sollicitais
de l'amitié de mes camarades d'école. Je l'obtins ce-
pendant sous un pommier du jardin où l'ombre du
feuillage me gênait fort. L'endroit était mauvais
pour la culture ; c'était, pensa-t-on, tout ce qu'il
fallait pour loger des fleurs.

Mes succès, on le pense bien, n'étaient pas brillants, mais, si petits qu'ils fussent, ils me remplissaient de joie. Les charmantes fleurs que j'ai vues depuis n'ont jamais produit sur moi le genre d'émotion que je ressentais, étant jeune, en face d'un œillet mignardise, d'un œillet de poëte, d'une julienne blanche, d'un souci, d'un rosier pompon ou de quelques pieds d'alouette élevés par mes soins. Je ne retrouve plus, ni dans les collections d'autrui, ni même dans les miennes de satisfaction aussi vive qu'autrefois. La beauté des fleurs me frappe moins; je les attends venir sans impatience, les odeurs me paraissent moins bonnes.

Je me souviens de mes débuts dans la culture des légumes. Même impatience, même joie, mêmes impressions que dans la culture des fleurs. J'entrais alors dans ma dixième année et j'étais pensionnaire à l'école primaire de Serrigny, en compagnie de huit ou dix enfants de cultivateurs des environs. Les plus jeunes avaient huit ans; les plus âgés en avaient un peu plus de douze.

Il y avait là, à l'exposition du levant, contre le vieux mur de notre dortoir, une large plate-bande, divisée en autant de compartiments qu'il y avait de pensionnaires. Chacun de nous disposait ainsi d'un jardinet clos de pierres plates posées de champ et chacun était libre d'y cultiver ce qui lui était agréable. Mais, en général, nous n'y semions que de la laitue afin de nous mettre au mieux avec notre

vieux maître, M. Girod père, qui aimait la salade
et qui avait reçu de son fils la mission de nous sur-
veiller en dehors de l'école et de nous diriger dans
la culture de nos jardinets. Il nous procurait la
graine et nous disait : «Voyons, mettez-vous à la
besogne ; je suis curieux d'apprendre quel est celui
de vous autres qui arrivera le premier à faire les
plus grosses salades. »

Et c'était à qui ne négligerait rien pour arriver
le premier.

Il ne me reste qu'un souvenir vague, presque
effacé, du plaisir que me causaient les jeux de l'en-
fance ; le souvenir de mes joies de petit jardinier
est, au contraire, aussi frais que s'il datait d'un
jour ou deux. J'en suis à me demander si la plu-
part des écoliers ne recevraient pas la même im-
pression aussi vivement que je l'ai reçue, et si
chaque famille le pouvant, n'aurait pas intérêt à
donner à ses enfants un coin de terre au jardin et à
les encourager à le cultiver. La terre cache une
passion, et celui-là s'y laisse prendre qui la remue
de bonne heure.

Quand vous le pourrez, ne donnez pas seulement
le coin de terre à l'enfant ; donnez-lui ou laissez-
lui prendre ce qu'il faut pour en tirer parti. Après
cela, dans un endroit perdu dont vous ne faites
rien, bâtissez-lui en pierres, en briques ou en
planches, selon vos ressources, des cabanes pour

élever des lapins, des cochons d'Inde, des poules de Bantam, une volière pour un ou deux couples de pigeons. Vous aurez ainsi une miniature de ferme. A petit fermier, petit domaine, petites étables et petits animaux.

II. — Quel sera l'outillage agricole de l'enfant.

Nécessairement, l'outillage de culture sera en rapport avec les forces du cultivateur; on n'ira pas mettre entre les mains de petits garçons et de petites filles les instruments fabriqués pour de grandes personnes. On aura des bêches, des houes, des serfouettes, des ratissoires, des arrosoirs, des râteaux, des plantoirs faits pour eux; l'essentiel est qu'ils puissent les manier aisément, sans effort ni fatigue. A mains mignonnes outils mignons.

Parmi les instruments qui servent à enlever les mauvaises herbes à mesure qu'elles se montrent, j'en sais un qui, dans la circonstance, rendra de bons services et dont les femmes se servent en plusieurs endroits de la Belgique pour nettoyer leurs jardins; je veux parler d'une fourchette ordinaire en fer. Ça ne coûte guère et ça se trouve partout. On recourbe les dents de cette fourchette et on

l'utilise en cet état pour gratter la terre et déraci-
ner les herbes qu'on veut enlever.

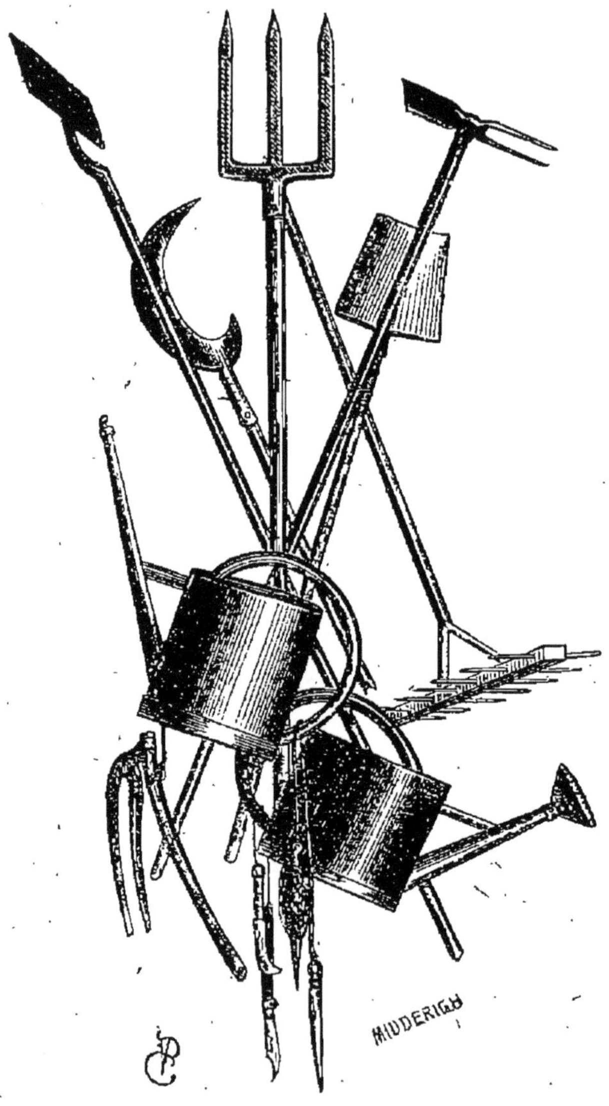

Grav. 1. — L'outillage de culture.

Toutes les fois qu'on se livre à une culture quelconque, on est intéressé plus ou moins à connaître un peu à l'avance les variations de l'atmosphère. Un baromètre devient donc un instrument nécessaire, mais les baromètres ne sont pas communs dans nos campagnes. On les remplace tant bien que mal par un capucin de carton qui ôte son capuchon par le beau et le remet par la pluie, ou par un personnage de carton aussi qui se tient sur le seuil de sa porte par le soleil et rentre chez lui quand il va pleuvoir. Cela ne coûte pas cher, j'en conviens, mais cela ne dure guère. Une grenouille verte ferait mieux notre affaire. Je veux parler de cette jolie petite grenouille qu'on nomme *rainette* et qu'on rencontre sur les arbres au printemps, dans les endroits frais surtout. On la met dans un bocal de verre avec du sable, un peu d'eau et une espèce de petite échelle en bois; on place le bocal sur une fenêtre ou sur un meuble, on le bouche avec du parchemin ou du papier criblé de petits trous, puis on observe. Si la rainette se cache au fond de l'eau, c'est que le temps va se mettre à la tempête et se déchaîner à tout casser. Si la rainette grimpe à l'échelle, c'est signe de pluie; si elle monte tout en haut et cherche à sortir du bocal, c'est signe de beau temps.

Une grenouille dans un bocal me paraît plus intéressante et plus utile qu'un poisson rouge ou une épinoche.

Vous recommanderez aux enfants de changer l'eau et le sable tous les huit jours et de s'amuser en été à jeter, de temps en temps, des mouches vivantes dans le bocal. La rainette ainsi soignée vivra plusieurs années et s'apprivoisera.

III. — Donnez à la terre de quoi nourrir les plantes.

LE FUMIER.

Maintenant que nous avons les moyens de travailler la terre et de connaître à l'avance les changements de température, il s'agit de s'approvisionner de nourriture pour les plantes à élever. C'est absolument comme pour les bêtes; si je veux élever une vache ou un cheval, je commence par me procurer du fourrage et de l'avoine. Eh bien, le fourrage et l'avoine des récoltes, c'est l'engrais; elles ne mangent pas autre chose.

On va me répondre qu'il y a dans la terre de quoi nourrir les plantes qu'on y sème; je le veux bien, mais si nous prenions toujours et ne rendions jamais rien, nous finirions sûrement par vider l'office ou le buffet. C'est à quoi les gens ne songent pas assez. Rappelons-nous donc une fois pour toutes que ce qui sort de la terre doit y retourner. Les plantes, quelles qu'elles soient, fleurs, légumes, céréales ou arbres, prennent leur nourriture en deux endroits : 1° dans la terre, au moyen de leurs racines; 2° dans l'air, au moyen de leurs feuilles et de leurs jeunes rameaux. Elles peuvent en prendre dans l'air à discrétion et tant que l'année dure; la source ne s'épuisera pas; mais, pour ce qui est de la terre, c'est différent; à force de donner sans rien recevoir, elle finirait par s'user, par se ruiner. Chaque fois que nous mangeons un légume ou un fruit, nous mangeons ce que la terre a fourni aux racines pour développer ce légume ou ce fruit, et si nous ne rendions rien au sol, nous viendrions aisément à bout d'avaler en un certain nombre d'années tout ce que contient l'armoire aux provisions, et, après cela, nous ne verrions plus pousser quoi que ce soit. L'air nous fait cadeau de ce qu'il accorde aux plantes; la terre, au contraire, n'entend pas donner, elle prête et veut qu'on la rembourse. Or, c'est pour la rembourser de ses avances qu'il est d'usage de la fumer. Qui dit fumure dit remboursement ou restitution. Il s'agit donc d'avoir sa petite provision d'engrais toute prête, et il est bon que nos jeunes travailleurs la fassent eux-mêmes, sans le secours de personne, sans la prendre au tas de fumier de la ferme. Rien ne les empêche de réunir, dans un coin ou dans un trou,

de mauvaises herbes, des déchets de légumes, des
cendres, des os qu'on a brûlés d'abord, des mor-
ceaux de vieille laine, des plumes de volailles, des
balayures, de la terre des rues, de la colom-
bine de poules, des fumiers de lapins, des fruits
gâtés, et d'arroser tout cela avec de l'urine et des
eaux de fumier qu'on laisse perdre à peu près par-
tout. Au bout de deux ou trois mois, on aura ainsi
de l'excellent engrais.

<hr>

IV. — Il faut assainir la terre.

LE DRAINAGE.

Pendant que l'engrais se fera, nos jeunes cultiva-
teurs auront à mettre leur terrain en bon état de
culture ; or, la première précaution à prendre, c'est
de s'assurer s'il est trop humide, et s'il l'est trop
de le drainer. — Eh quoi ! va-t-on se dire, drainer
deux ou trois mètres de terrain ! Est-ce que la chose
en vaut la peine ? — Pourquoi pas ? On draine bien
les pots destinés à la culture des fleurs en perçant
un trou au fond.

Je prends là mon exemple, et je dis, en établis-
sant une comparaison : — Voilà deux pots à fleurs.

Ils ont tous les deux un trou à leur fond. Je vais boucher l'un des trous et je laisserai l'autre ouvert. Mettons que ce soit chose faite. Après cela, je remplis mes deux pots de bonne terre, je mets dans chacun d'eux une plante quelconque, un petit rosier, par exemple, et j'arrose tous les jours afin de pousser à la reprise.

Le rosier du pot ouvert reprendra vite, soyez-en sûr, tandis que celui du pot bouché souffrira visiblement et finira par mourir tôt.

Si mes jeunes curieux voulaient savoir pourquoi, je leur répondrais : — C'est que la terre du premier pot n'aura gardé que tout juste l'eau nécessaire aux racines de son rosier et que l'air se sera renouvelé, tandis que l'eau des arrosages aura formé une sorte de marais au fond du pot bouché, que l'air ne s'y sera pas renouvelé et que les racines de son rosier auront pourri. Ce qu'il y a de positif, au bout du compte, c'est que la plupart des plantes ne se soucient point de vivre dans l'eau qui dort.

Eh bien, un jardin, petit ou grand, qui garde l'humidité, est tout bonnement une sorte de pot qui n'a pas de trou à son fond, une sorte de pot dont le dessous et les côtés sont en terre glaise. — Le moyen d'empêcher les plantes d'y souffrir, c'est d'y ouvrir des trous, c'est-à-dire d'en crever le fond et les côtés, de façon que l'eau qui dort s'en aille quelque part, et que l'air puisse passer.

A cet effet, on creusera avec la petite bêche, sur
toute la largeur du petit jardin, un fossé d'un mè-
tre au moins de profondeur; on mettra dans le fond
de ce fossé des pierres un peu grosses, de la pier-
raille par-dessus, du gravier sur la pierraille, et
sur le gravier de la bonne terre d'une épaisseur de
cinquante centimètres. Le petit jardin sera drainé.

Grav. 2. — Fossé de drainage.

Quand on ne veut pas ou qu'on ne peut pas drai-
ner, on se contente de défoncer le terrain, c'est-à-
dire de le bêcher le plus bas possible. En définitive,
c'est toujours une sorte de drainage; seulement il
est moins énergique et dure moins que le premier.

V. — Il faut remuer la terre.

LES LABOURS.

Lorsque la terre a été drainée et par conséquent assainie, il faut la labourer, c'est-à-dire la travailler. Dans la grande culture, on se sert pour cela de la charrue; dans la petite, on se sert de la bêche, de la houe ou de la pioche.

Pourquoi laboure-t-on ou travaille-t-on la terre? C'est ce qu'il s'agit de bien faire comprendre à nos petits ouvriers. Or, vous leur direz ceci :

La terre qui n'a point vu le soleil et n'a pas senti l'air ne produit rien. Prenez de celle qui sort d'un puits nouvellement creusé ou de n'importe quel trou profond, divisez-la, étendez-la dehors, semez-y de la graine, et vous verrez que la première année rien ou presque rien ne poussera. Pourtant, il s'y trouve de la nourriture, des vivres, mais ils ne sont pas en état d'être avalés par les racines et de profiter aux plantes. C'est comme si l'on nous présentait à nous autres des légumes venant du marché et de la viande sortant toute fraîche de la boucherie, en nous disant : — Mes camarades, régalez-vous.

Nous répondrions : — Bien obligé! quand le feu, le sel et le poivre y auront passé, on verra.

Et de même avec la terre vierge. Lorsqu'on nous en présente, répondons que c'est trop cru, que le soleil et l'air sont nécessaires pour l'améliorer et la rendre fertile, que sans cela les plantes n'en mangeraient point.

Nous avons donc un intérêt clair à ce que le soleil et l'air fonctionnent le mieux possible, et ils fonctionnent d'autant mieux qu'ils entrent et courent plus aisément dans la terre. Il convient de leur ouvrir les portes à deux battants et de rendre ainsi l'entrée commode.

Nous ouvrons la terre en labourant. Si nous ne labourons pas, l'air et la chaleur ne frappent que la surface du terrain et ne vont pas loin. Si, en labourant, nous laissons de grosses mottes, notre travail reste incomplet. Vous n'en voyez jamais dans une terre à jardin bien préparée. Plus une motte est volumineuse, plus elle offre de résistance aux influences de l'atmosphère; l'extérieur est touché, l'intérieur ne l'est pas; si je brise cette motte et la mets en mille miettes, c'est différent; pas une seule de ses parties n'échappe à l'air et au soleil; le dedans et le dehors, tout y passe et vivement.

Nous labourons pour diviser, pour émietter ou, comme disent les savants, pour multiplier les surfaces et les rendre ainsi plus facilement attaquables.

Nous labourons aussi pour mettre en dessous la

terre du dessus qui est bonifiée et pour ramener à la surface la terre du fond qui a besoin d'air, de chaleur et de lumière.

Les individus qui se servent d'une charrue et qui vont trop vite, lèvent des tranches de terre toutes d'une venue, comme un ruban, des tranches qui n'ont pas le temps de se diviser. C'est un défaut, le but est manqué. Et voilà pourquoi le labourage lent et régulier des bœufs est meilleur que le labourage rapide et saccadé des chevaux.

Les individus qui se servent d'une bêche ou d'une houe ne doivent pas aller non plus trop précipitamment, et à chaque tranche que l'on retourne, il faut avoir soin de diviser la terre avec l'outil.

Le labourage n'a pas seulement pour objet de rendre la terre meilleure, de la rendre nourrissante, il a pour objet encore d'ouvrir aux racines des plantes des chemins aisés à parcourir. Ces racines galopent en quelque sorte dans la terre remuée, s'étendent dans tous les sens et ont tout le contentement qu'elles peuvent avoir. Il s'ensuit que les plantes ont plus de solidité, qu'elles vivent mieux, durent plus longtemps et craignent moins la sécheresse que celles venues dans une terre simplement égratignée. Il s'ensuit aussi que se développant mieux, elles mangent davantage et que plus on donne d'espace aux racines, plus on leur doit d'engrais.

Tout ceci est parfait pour les plantes de la grande culture et pour les légumes du potager auxquels nous demandons surtout des racines et des feuilles.

Quant aux fleurs, c'est une autre affaire. Lorsqu'on leur donne trop leurs aises, elles fournissent beaucoup en tiges et en feuilles, ce qui est le signe de la santé, mais elles ne fournissent guère en bouquets. Pour bien fleurir, il faut qu'une plante souffre un peu ou s'affaiblisse. Sans doute, les fleurs aiment la terre labourée et fumée, mais si on les veut de petites dimensions, précoces et abondantes, il devient nécessaire de les tourmenter, de gêner le développement des racines, des rameaux et des feuilles.

C'est pour cela qu'on transplante plusieurs fois les reines-marguerites et qu'on emprisonne diverses plantes dans de petits pots, afin de contrarier leurs racines, d'avancer la floraison et de multiplier les fleurs.

Vous voulez qu'un chien ne grossisse pas, vous ne lui donnez guère à manger; vous voulez qu'un poisson rouge reste petit, vous le tenez dans un petit bocal; vous voulez qu'une plante reste naine, vous lui mesurez étroitement l'espace. Ceci est de la fantaisie, de la misère, de l'exception qui peut avoir son utilité, j'en conviens, mais qui ne prouve pas qu'on doive soumettre tous les animaux et les végétaux au régime de la contrainte.

VI. — Les graines : prenez les bonnes.

On ne dira pas que si les bêtes sont prêtes l'écurie ne l'est pas. Regardez bien ; tout y est : il y a du foin au râtelier, de l'avoine dans la mangeoire, de la litière fraîche, le nécessaire et au delà. Elles peuvent donc venir et prendre leurs aises. Ceci veut dire que du moment où la terre est préparée, fumée, labourée, il ne reste plus qu'à y mettre les graines qui germeront là dedans et fourniront des récoltes.

Quand je dis : *qui germeront*, je m'aventure un peu, car il y en a qui ne germent point ou ne germent guère, sans compter celles qui donnent autre chose que ce qu'on en attend.

Arrêtez le plus que vous pourrez là-dessus l'attention des petits travailleurs. La bonne graine est aussi essentielle pour nous autres que la bonne terre et le bon fumier. Dites-leur cela non pas une fois ni deux, mais toutes les fois que vous en aurez l'occasion ; de même que vous tapez sur un clou jusqu'à ce qu'il entre de toute sa longueur dans un morceau de bois, tapez sur la vérité pour qu'elle entre aussi tout entière dans la tête de vos bons-hommes. A leur âge, c'est si facile ; il n'y a que les vieux qui font résistance.

Apprenez-leur que la graine est en quelque sorte l'œuf de la plante. Pour que la plante en sorte belle et solide, il faut naturellement que l'œuf provienne d'une belle race et ne soit pas trop vieux pondu. C'est comme pour les œufs de nos poules; quand on ne sait au juste d'où ils arrivent, on ne sait non plus ce qu'ils donneront, et quand ils ont deux mois de panier, ne comptez pas qu'il en sortira des poussins. C'est à peu près comme si on les avait mis cuire au dur avant de les faire couver.

A ce propos, vous direz à vos bonshommes et à vos petites filles qu'il est prudent de ne pas trop se fier aux marchands de graines qui portent la hotte de village en village et de maison en maison. Ils s'y fieront d'autant moins qu'ils les verront pour la première fois. Ceux qui passent tous les ans ne sont déjà guère sûrs; à plus forte raison les autres. Ils vendent de tout, même de ce qu'ils n'ont pas. Vous demandez de la semence d'oignons, ils vous livrent du poireau; vous demandez de la graine de chou de Milan, ils vous vendent le chou à vaches; vous voulez des carottes pour la cuisine, ils vous en donnent pour les chevaux.

Et quand les choses vont encore de cette façon, il n'y a pas trop à crier. Au moins, ce sont des graines vivantes qu'ils ont vendues; il leur arrive si souvent d'en vendre de mortes!

Pendant que j'y suis, je veux vous entretenir de

leurs gredineries, pour qu'à votre tour vous en parliez à vos élèves.

A l'époque où nous sommes, les marchands ambulants vont trouver les marchands des villes qui leur cèdent pour presque rien les graines dont ils ne peuvent plus répondre. Ils achètent avec cela pour quelques francs de graines fraîches et les mêlent aux vieilles dans la proportion de 5 ou 6 au 100. Le tour est fait et ma foi tant pis pour les bonnes gens qui s'y laisseront prendre. Moyennant 10, 15 ou 20 centimes, on leur aura vendu de jolis paquets de graines à bien meilleur compte qu'on ne les vend à la ville. Il n'en poussera guère, c'est vrai, mais enfin il en poussera pour la montre. Le colporteur pourra repasser l'année d'ensuite, personne ne l'accusera. Du moment où quelques-unes de ses graines auront germé, on s'en prendra au mauvais temps, à la terre, aux insectes pour expliquer la non-réussite des autres.

Lorsque le colporteur ne se propose pas de revenir au pays, il n'y met pas tant de façons. Il vend des graines tuées par l'âge ou frottées avec de l'huile afin de leur donner un air de jeunesse. Cette fois rien ne pousse, absolument rien.

D'où il suit que la graine, quand on ne la fait pas soi-même, est une marchandise qu'il convient d'acheter dans une maison de confiance et de payer sans marchander.

VII. — Faites un bon choix de Légumes, Fleurs et Fruits.

LES SEMIS.

Le tout n'est pas d'avoir des graines et de bonnes, il faut encore faire un choix qui puisse convenir à nos petits travailleurs et leur enseigner la manière de les semer.

Grav. 3. — Laitue.

Pour ce qui est du choix, je vous conseille d'abord de prendre de la semence de trois ou quatre laitues, par exemple : la palatine ou petite brune, la grosse brune paresseuse, la laitue chou de Naples et la romaine maraîchère. Les salades poussent et les enfants aiment cela. Vous leur donnerez en-

suite de la graine de pois nains de Bretagne ; ça ne
tient guère de place, et dès que les cosses seront

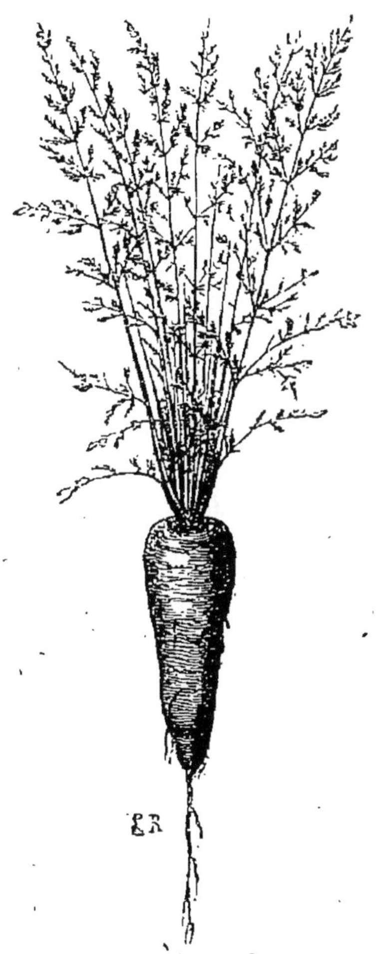

Grav. 4. — Carotte.

bien formées, vos petits bonshommes les mangeront
en vert. Vous leur donnerez, après cela, une ou
deux pincées de graines de carotte courte de Hol-
lande. Elle est un peu lente à lever, comme toutes

les carottes, mais une fois levée, elle se développe
lestement, et quand la racine est grosse comme le
pouce, ça se croque et ça fait du bien. La carotte

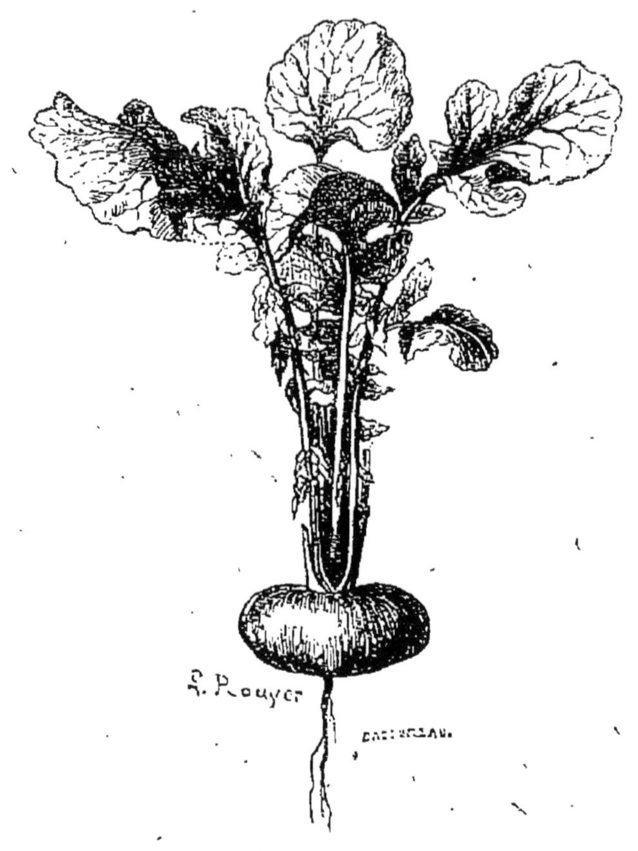

Grav. 5. — Navet plat.

crue tue les vers intestinaux, et c'est peut-être à
cause de cela et d'instinct que les enfants en raffo-
lent. Vous leur donnerez de même une ou deux pin-
cées de graines de navet rond plat ou de navet des
Vertus, tous les deux bons à croquer aussi. Vous

Grav.ᵉ 6. — Maïs.

leur ferez planter deux graines de maïs quarantain

à chacun des coins de leur jardinet, et quand les plantes auront poussé deux par deux, vous leur direz d'arracher la plus faible et de conserver la plus forte. Les enfants se régalent avec des épis de maïs en lait qu'ils font rôtir sur la braise. Un ou deux pieds de pommes de terre et cinq ou six pieds de fraisier à gros fruit compléteront ce potager.

Grav. 7. — Pied de pommes de terre.

Avec ces petites choses-là, on prend les enfants comme on prend les hommes avec des truffes ; seulement c'est plus honnête et personne n'y trouvera à redire.

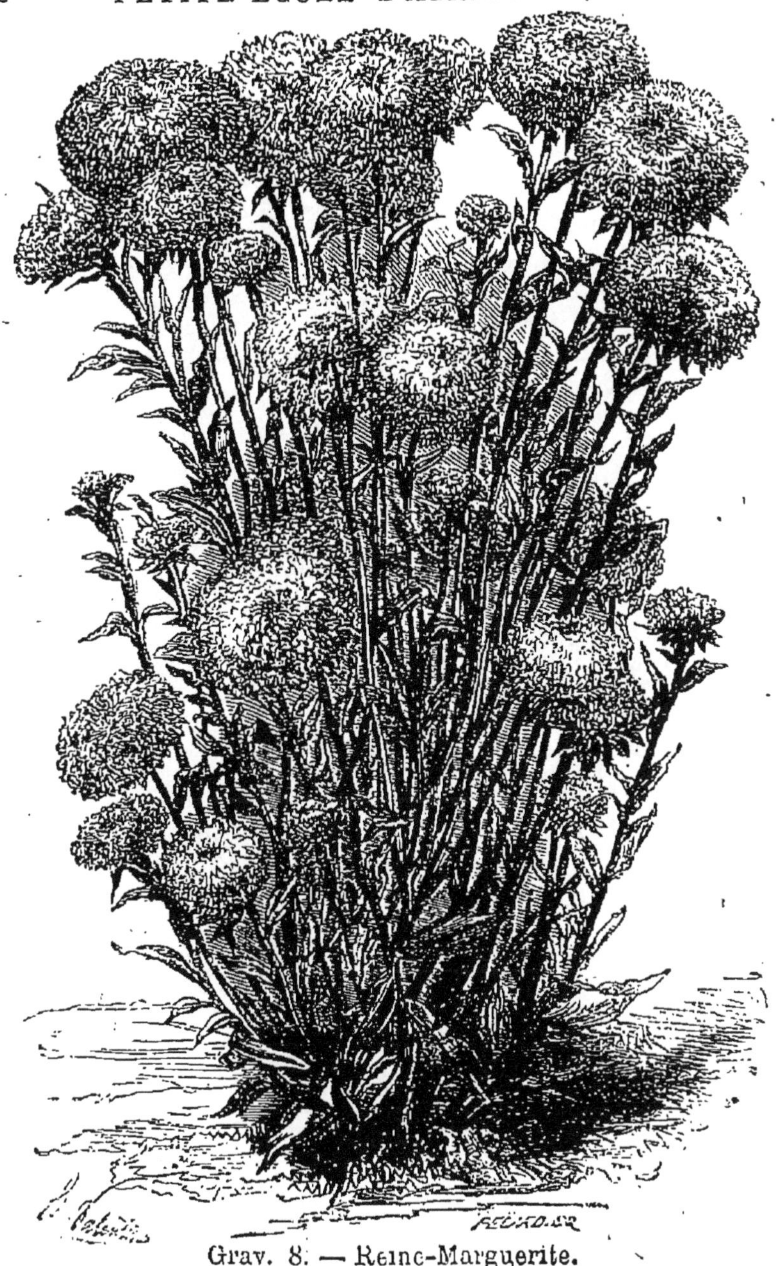

Grav. 8. — Reine-Marguerite.

Quelques fleurs de culture facile autour du pota-
ger feront bon effet ; songez-y. Vous donnerez donc

à vos élèves de la semence de giroflée quarantaine,
de némophile bleue, de reine-marguerite, de zinnia

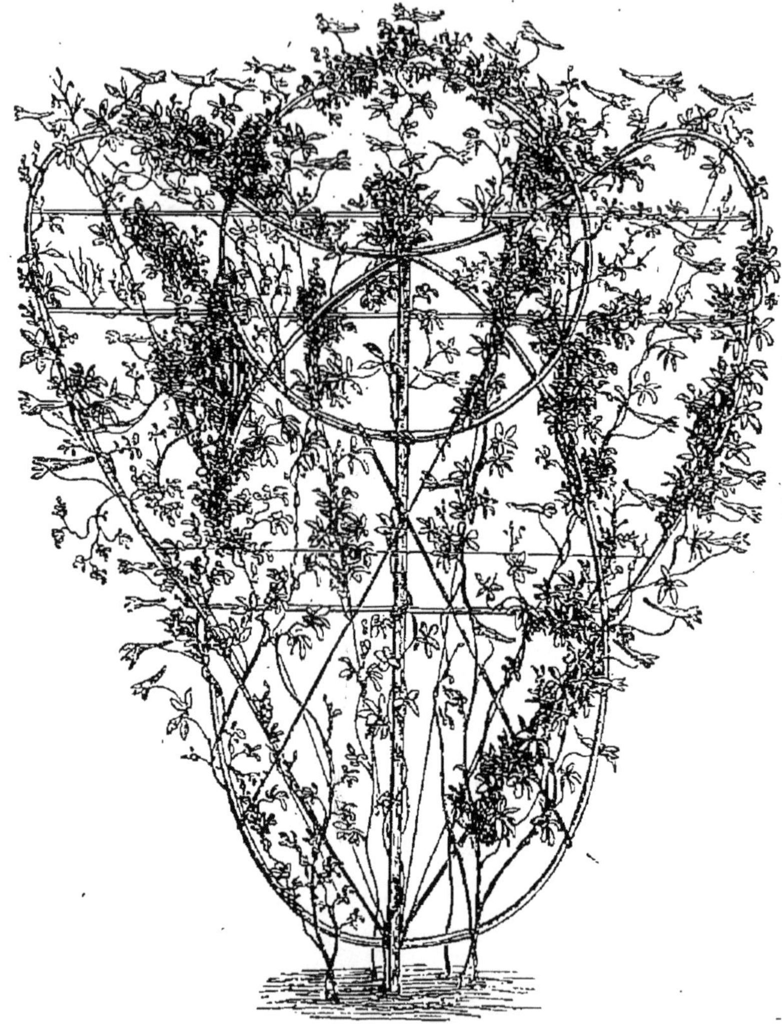

Grav. 9. — Capucine.

double, de balsamine, de capucine naine et de chry-
santhème hybride varié de Burridge. C'est tout

ce qu'il faut pour commencer. Après, on verra.

Si la place ne manque pas, vous leur ferez planter près du jardinet quelques framboisiers et groseilliers et un pied de vigne, du chasselas doré de préférence à tout autre cépage.

Pour ce qui est de la manière de semer la graine, il ne me paraît point commode de l'enseigner avec la plume.

Quand j'avais une quinzaine d'années, — je vous parle de loin, — je me rappelle que pour m'apprendre à jeter l'épervier dans l'eau, on commençait par me le faire jeter sur l'herbe. Or, en y songeant, je me suis dit souvent qu'il ne serait pas impossible d'apprendre aux enfants l'art d'ensemencer les planches d'un potager, en les exerçant d'abord à répartir la graine sur un drap, afin de ne pas la perdre, ou bien encore de se servir de graine morte sur un coin de la cour de ferme. Il y a dans cette affaire un tour de main qu'on ne saurait expliquer en écrivant et qui ne gênerait pas un praticien partout ailleurs que sur le papier.

Au début, les semeurs ont la main lourde et lâchent plus de graine qu'il n'en faut, sans compter qu'ils la répandent irrégulièrement, trop par-ci, trop peu par-là. Ceci leur arrive principalement lorsqu'elle est fort menue et qu'ils ne l'aperçoivent pas sur le terrain. Le meilleur moyen de garnir une planche avec régularité, c'est de l'ensemencer en plusieurs fois, par petite quantité chaque fois. Et quand les graines sont fines, il est prudent de les bien mélanger d'abord avec de la terre ou du sable et de remuer le mélange chaque fois qu'on en tire du sac.

A tout prendre, il vaut encore mieux en semer trop que trop peu, car il est plus facile d'ôter du plant que d'en remettre.

Encore une recommandation. Ce que je viens de dire s'applique à ce qu'on appelle les semis à la volée; mais notez qu'on peut aussi semer en lignes ou rigoles, et que c'est aussi facile pour les personnes inexpérimentées que pour les personnes exercées. L'essentiel, c'est que les lignes dans lesquelles on met la graine soient tassées au fond et sur les côtés. Or, le moyen de les avoir ainsi, c'est d'étendre des bâtons sur la terre labourée, de marcher sur ces bâtons pour les y enfoncer et de les enlever après cela par l'un des bouts. Les rigoles sont ouvertes. On y jette la graine et on la recouvre en passant le dos du râteau sur la planche.

Je vous dirai tout à l'heure pourquoi il est utile de fouler ou de tasser la terre qu'on ensemence ou qu'on a ensemencée. Ces petites connaissances ont du bon; ne leur faites point la moue.

VIII. — Foulez vos semis pour faire germer les plantes.

LA GERMINATION.

Lorsque les graines ont été répandues sur la terre, on doit les recouvrir à petits coups de râteau si elles sont un peu grosses. Mais si elles sont très-fines, il serait dangereux de les trop enterrer. Elles pourraient ne point germer. Les hommes de la grande culture le savent bien, eux qui enterrent le blé, l'orge, l'avoine, etc., avec la herse et qui se contentent de promener un fagot d'épines sur les semis de navette ou de colza.

Conseillons la même prudence à nos petits cultivateurs du jardinet. Toutes les fois qu'ils auront à recouvrir de la graine menue, ils devront passer doucement le dos du râteau sur la terre ensemencée. Souvent même ils feront bien de donner tout bonnement un coup d'arrosoir. L'eau enfoncera et recouvrira suffisamment la semence. Cependant, si la terre était très-légère, au lieu d'arroser de suite, il conviendrait de piétiner d'abord le semis, comme qui dirait de marcher dessus avec des sabots sans talons.

Les jardiniers qui ont des mots à eux, appellent

cela *plomber*, *trépigner*, et peut-être autrement encore.

Vous verrez que vos petits travailleurs feront d'abord des difficultés. Aussitôt que vous leur aurez dit : Mettez vos sabots et marchez sur vos graines, ils vous lanceront un coup d'œil de côté, pensant que vous vous moquez d'eux. Ils ne s'y décideront que quand ils seront bien sûrs que vous ne vous moquez pas.

Mais alors ils vous questionneront, ils voudront savoir la raison d'une chose qui leur paraîtra désagréable et un peu folle. Vous leur donnerez donc cette raison et à peu près de la manière que voici :

La terre trop remuée laisse naturellement passer beaucoup d'air et beaucoup de chaleur en temps de soleil. Elle se dessèche donc très-vite et devient grise ou blanchâtre. Or, du moment où l'humidité manque aux graines, elles ne germent pas. Ceci ne ferait point notre compte. Il y a par conséquent nécessité à conserver de la fraîcheur autour des graines, afin d'en faire partir le germe. On en viendrait à bout avec des arrosements, mais, par le hâle et les journées chaudes, on serait forcé d'avoir toujours l'arrosoir en main ; c'est bien assez de mouiller ainsi la terre deux fois par jour.

Pour empêcher le dessèchement d'une terre labourée, au moins jusqu'à ce que les graines germent et que les plantes lèvent, il n'y a rien de tel que de fouler cette terre. Maintenant, qu'on la foule avec un rouleau, avec des sabots, avec des souliers, ou en tapant dessus avec un bout de planche, ça nous est bien égal. Ce qui est positif, c'est qu'où l'on aura marché, foulé, tapé, l'air et la chaleur auront de la peine à se faufiler et la fraîcheur durera plus longtemps qu'autre part.

Regardez les pas d'un homme qui a traversé un champ labouré, les pas d'un chien qui a traversé les planches d'un jardin nouvellement arrangé, vous remarquerez que sur ces pas, la terre garde un air de fraîcheur qui n'existe point à côté.

C'est donc en vue de garder de l'humidité autour des graines que nous serrons la terre et marchons dessus. Quand cette terre est forte, riche, bourrée d'engrais, ou bien encore quand la pluie arrive après le semis et dure plusieurs jours, ou bien enfin quand il ne fait ni vent ni chaleur soutenue, il est clair qu'on n'a pas besoin de fouler la terre. Mais quand celle-ci est légère, maigre, pauvre en humidité, exposée aux coups de vent et aux coups de soleil, il faut fouler de suite.

Et, après avoir foulé, il faut gratter légèrement la croûte qu'on a faite, en promenant dessus les dents du râteau. Sans cela, il pourrait arriver qu'une pluie battante survenant, la croûte se durcît à l'excès.

Voilà ce que vous direz, ce que vous exposerez

à vos élèves du mieux que vous le pourrez, plus simplement que je viens de le dire, si c'est possible. Et, ma foi, s'ils ne comprennent pas, vous donnerez votre langue aux chiens.

Je serais bien surpris si les enfants ne risquaient point une observation, et je parierais presque que les plus futés, croyant vous embarrasser et vous tenir, diront ceci : — Ce n'était pas la peine de si bien bêcher notre jardin pour marcher ensuite dessus.

Vous leur répondrez, — ce qui du reste a été dit déjà, — que le labourage est fait en vue de faire entrer de l'air, de l'eau et de la chaleur dans la terre, que plus on s'y prend d'avance mieux il vaut, tandis que le foulage est fait pour aider la germination des graines. La première opération est nécessaire et la seconde l'est aussi.

IX. — Attention aux mauvaises herbes.

LE SARCLAGE.

Parmi les plantes qu'on a semées, il y en a qui lèvent tôt et il y en a qui lèvent tard. Cela dépend des espèces, de là nature des graines, de l'état de la terre, de l'état de la température et des soins que l'on donne aux semis. Souvent, et même trop souvent, il se rencontre dans le sol, à côté des graines qu'on y met, des graines d'herbes sauvages tombées sur place ou venues on ne sait d'où; et il arrive parfois que ces mauvaises semences germent plus vite que les bonnes. Vous recommanderez donc aux petits travailleurs d'y prendre garde. S'ils n'y prenaient point garde, les plantes inutiles occuperaient la place des plantes utiles, les envelopperaient, les affameraient, les étoufferaient.

Le plus tôt qu'on peut les enlever, c'est le mieux. Avec les cultures en lignes, c'est toujours facile. Dès que la verdure pointe entre les lignes, on écorce la terre avec une ratissoire et c'est fini pour un coup. — Mais comment distinguer les lignes afin de ne pas y toucher? Je vais vous le dire. Quand en a semé dans les rigoles de la graine prompte à germer, il n'y a pas à s'en inquiéter, les lignes sont marquées par la pousse avant que les mauvaises herbes se montrent. Quand, au contraire, on a semé des graines lentes à germer, comme la carotte, le cerfeuil, le panais, le poireau, l'oignon, la terre a le temps de se couvrir de méchantes plantes avant que les légumes se fassent voir, et les lignes ne sont point marquées au moment où l'on voudrait qu'elles le fussent. Eh bien, le moyen de les marquer est commode. Dites aux enfants qui s'apprêtent à semer en rigoles ou en lignes, — ce qui est tout un, — des graines lentes à germer, de laisser tomber dans les lignes et parmi ces graines, quelques semences de colza ou de laitue. Celles-ci germant vite, jalonneront les lignes, et lorsqu'on n'aura plus besoin des jalons, on les ôtera.

Avec les cultures à la volée, l'enlèvement des herbes inutiles est plus difficile et plus long. On ne peut pas se servir d'une ratissoire, on est forcé de les arracher avec la main.

L'opération par laquelle on se débarrasse des herbes inutiles ou nuisibles s'appelle le *sarclage*.

X. — Que vos plantes soient à l'aise : arrachez-en s'il y en a trop.

L'ÉCLAIRCISSAGE.

Une autre opération qui a lieu quelquefois en même temps que l'on sarcle ou aussitôt après que l'on a sarclé, s'appelle l'*éclaircissage*. Elle consiste à enlever un certain nombre de petits légumes dans le cas où les planches ou les lignes en sont trop fournies, c'est-à-dire lorsqu'on a semé trop épais ou trop dru. L'éclaircissage est donc en quelque sorte le sarclage des bonnes plantes qui, à force de se presser les unes contre les autres, se nuiraient sûrement.

En définitive, soit que l'on sarcle, soit que l'on éclaircisse, on enlève des herbes qui sont de trop, afin de donner leurs aises à celles qu'on veut garder. Et plus tôt l'on s'y prend pour sarcler et éclaircir, mieux vaut la besogne.

C'est une chose qu'il importe de bien expliquer et qui me paraît aisément explicable.

Vous avez, je suppose, une longue table, avec des bancs ou des chaises autour, et sur cette table-là, de la nourriture pour vingt personnes. Au lieu de vingt, il en arrive une soixantaine. Vous ouvrez naturellement de grands yeux, et, si vous l'osiez, vous en mettriez à la porte plus que vous n'en garderiez, mais, ne l'osant point, les soixante se gênent et vivent fort mal où les vingt auraient pris leurs franches coudées et mangé à plein appétit.

Or, c'est bien un peu comme cela que les choses se passent au jardin. Nous avons une planche bourrée d'engrais, de quoi nourrir grassement deux ou trois cents légumes, je suppose. Il en pousse dessus deux ou trois mille qui se serrent, se gênent et se disputent le boire et le manger. Si nous ne gardons que ce qu'il en faut, nos légumes prennent du corps et deviennent superbes ; si, au contraire, nous laissons les deux ou trois mille se tirer les morceaux et se quereller au plat, la terre est lestement ruinée, et, quand tout est mangé, nos légumes, chétifs, étiolés et faisant peine, ne valent même pas les frais d'arrachage.

Vous voyez, d'après cela, aussi bien pour les plantes que pour les gens, que si on veut les faire prospérer, il faut leur assurer l'espace et le nécessaire. Et c'est au moment de commencer le repas qu'on doit y songer.

J'en sais qui disent en voyant leurs semis trop épais et infestés de mauvaises herbes : — Ne nous pressons pas; les plantes sont toutes jeunes et nous ne saurions commodément les saisir avec la main; dans huit jours, dans quinze jours, nous pourrons les prendre à la poignée et la besogne ira lestement.

Ceux qui pensent et parlent ainsi ont tort. Pendant ce temps-là, les plantes inutiles et nuisibles mangent et boivent, usent l'engrais et usent l'eau, se font de l'ombrage et s'affaiblissent faute d'air et de lumière. Et quand, après cela, vous sarclez et éclaircissez, il est déjà trop tard; ce qui est pris est bien pris, ce qui est affaibli est bien affaibli.

Lorsque, par négligence ou ignorance, on a trop attendu pour sarcler et éclaircir, il y a nécessité de rapporter de l'engrais et de l'eau pour réparer le mal à peu près et relancer les plantes qu'on conserve.

———

XI. — Attendez la récolte, mais sans vous reposer.

BINAGES ET LABOURS D'ENTRETIEN.

Lorsque les plantes du jardin ont été sarclées et éclaircies de façon à ce qu'elles aient leurs aises, tout n'est pas fini jusqu'à la récolte. Il faut encore les surveiller, ôter les mauvaises herbes à mesure qu'il en repousse, et remuer la terre de temps en temps avec une serfouette si les semis ont été faits à la volée, ou avec une ratissoire si les semis ont été faits en lignes. Ce petit labour, pratiqué au milieu des plantes en pleine végétation, se nomme un *binage*. Pourquoi se nomme-t-il ainsi? Je ne sais pas au juste, mais je soupçonne qu'au temps passé, on ne labourait qu'une fois avant de semer et une seconde fois pour l'entretien des récoltes sur pied. Cette seconde fois, c'était le binage et c'était tout. Le mot sera resté, et à présent nous l'appliquons à tous les labours d'entretien. Si nous remuons la terre deux, trois et quatre fois entre les plantes et autour des plantes, nous disons que nous avons donné deux, trois et quatre binages.

Ici, attendez-vous à une question de la part de vos petits bonshommes. Ils vous demanderont certainement à quoi peut servir un travail qui n'a l'air de rien.

Il y a une vingtaine d'années et même moins, on aurait répondu tout bonnement que les récoltes binées deviennent toujours plus belles que celles qui ne l'ont pas été.

Les petits curieux ne se seraient point contentés de cela et vous auraient bien embarrassé en vous demandant des explications plus détaillées. A présent, on peut les donner, parce qu'on en sait un peu plus long qu'il y a vingt ans.

Vous leur direz donc :

Je vous ai recommandé de fouler la terre après le semis, afin de conserver un peu d'humidité autour des graines et de les aider à germer.

Je vous ai dit alors que la terre foulée ne laissait point passer l'air et la chaleur comme la terre remuée, et que, par conséquent, elle se desséchait moins. J'ai ajouté qu'on pouvait s'en apercevoir aux pas des hommes et des animaux qui ont marché dans la terre labourée. Et le fait est qu'où les pieds ont porté, il y a une apparence d'humidité qu'on ne trouve pas à côté.

Vous auriez pu me répondre qu'il est étrange que cette humidité persiste où l'on a marché, puisque le soleil et l'air agissent directement dessus.

Je vous aurais dit : L'observation est juste et je vais vous l'expliquer.

La terre qui a été foulée se comporte avec l'eau comme une mèche de coton se comporte avec l'huile d'une lampe. Or, il y a des réservoirs d'eau à une profondeur plus ou moins considérable, et cette eau monte à travers la terre, comme vous la faites monter d'un verre à travers une bande de papier gris, ou bien comme monte l'huile d'une lampe à travers la mèche de coton. Au fur et à mesure que cette eau souterraine arrive à la surface du sol, l'air et le soleil l'emportent, mais elle n'en continue pas moins d'arriver et de mouiller la place à mesure que l'évaporation se fait. C'est toujours comme pour l'huile ; à mesure que la flamme en brûle il s'en retrouve.

On peut dire que les réservoirs souterrains remplacent la lampe, que l'eau remplace l'huile et que la terre remplace la mèche.

C'est tout ce qu'il en faut pour expliquer la chose à des enfants qui n'ont pas encore étudié la physique et qui ne connaissent point les phénomènes de la capillarité.

A la rigueur, si cela ne suffisait pas, prenons l'exemple du morceau de sucre qui, trempé dans l'eau par un bout, prend cette eau et l'élève peu à peu vers l'autre bout. Pourquoi la terre ne la prendrait-elle pas et ne l'élèverait-elle pas aussi ?

Je suppose l'explication comprise, on comprendra tout aussi aisément que nous n'ayons pas d'intérêt à perdre une grande quantité d'eau en la laissant toujours arriver jusqu'à la surface du sol où l'air et le soleil la mettent en vapeur.

On ne sait pas, après tout, si le réservoir souterrain est considérable et s'il est plein, et!, ne le sachant point, il y aurait imprudence à gaspiller l'eau que fournit le réservoir.

Et le moyen de ne pas la gaspiller? C'est de rompre aussitôt qu'on le peut la croûte que l'on a faite en foulant le semis.

Or, on le peut déjà dès que les jeunes plantes sont bonnes à sarcler, et on le peut bien mieux encore lorsqu'elles sont bonnes à biner. Aussitôt qu'avec la serfouette ou avec la ratissoire, on a bien rompu la croûte et bien émietté la terre, l'humidité ne peut plus monter jusqu'en haut; elle s'arrête aux racines des plantes. Le binage a coupé la terre et rompu les conduits par où l'eau s'élevait. C'est comme si vous coupiez ou si vous détordiez les fils d'une mèche de lampe; l'huile ne s'élèverait point au-dessus de la partie coupée ou détordue.

D'un côté, moins d'eau vaporisée; de l'autre côté, moins d'huile brûlée.

La terre que vous avez rompue et divisée par un binage, se rassied peu à peu, redevient dure, et alors, naturellement, on doit recommencer l'opération, et ainsi de suite, jusqu'à ce que les plantes aient atteint leur complet développement.

Lorsque les vieux praticiens disent : « Un binage aut un arrosage, » ils ne se trompent pas.

Et lorsqu'ils ajoutent : « C'est en temps de sé- heresse qu'il faut bien biner, » ils ne se trompent as davantage.

Au résumé, bien assainir sa terre, la bien fumer, a labourer, la diviser comme il faut, semer, rou- er ou fouler le semis, sarcler, biner à diverses eprises, arroser à propos, voilà tout l'art de cul- iver.

XII. — **Semez quelques arbustes, vous avez du temps devant vous pour les voir pousser.**

LE JARDIN FRUITIER.

Le jardinet de nos petits travailleurs, vous vous en souvenez, ne renferme pas seulement des lé- gumes et des fleurs ; il peut s'y rencontrer aussi un framboisier, un groseillier, un pied de vigne et même un poirier nain. Il convient donc naturelle- ment de causer un peu de tout cela.

Les jeunes ont du temps devant eux ; nous avons le droit par conséquent d'en exiger une patience que les vieux ne veulent point accorder. Ceux-ci achètent des arbres ou des arbustes tout venus, afin qu'ils entrent tout de suite en rapport. Ils n'entendent point les voir, de longues années durant, pousser des branches et des feuilles et pas de fruits. On a beau leur dire que c'est un signe de santé, que les fruits viendront assez tôt, et qu'une fois venus, les bonnes récoltes suivront, ils répondent qu'ils ne plantent pas pour jouir après leur mort. Ils patientent un an, deux ans au plus ; c'est tout ce qu'ils peuvent accorder ; tant pis, après cela, si les arbres ne durent point. Ça leur est bien égal.

Raison de vieillard ne saurait toujours convenir aux jeunes, et dans ce cas-ci moins que dans un autre. On ne s'attache solidement qu'à ce qu'on a vu naître et élevé.

Donc, vous conseillerez à vos petits travailleurs de semer leurs arbres et leurs arbustes. Rien de plus commode, et vous l'allez voir.

Vous leur donnerez une ou deux framboises bien mûres, trop mûres même pour être mangées. Ils ouvriront une rigole de la profondeur d'un travers de doigt, ils écraseront les framboises pour en écarter les graines, mettront ces framboises dans la rigole et ils recouvriront de terre fine à moitié seulement de la profondeur. De temps en temps, quand il fera sec, ils mouilleront doucement. Les graines germeront à la longue et les jeunes framboisiers lèveront. Ensuite, on éclaircira et on conservera les plus jolis plants pour les laisser en place ou les transplanter au printemps qui suivra la levée. Mais supposons qu'on n'en garde qu'un seul.

On entretiendra la propreté autour de ce pied de framboisier et on le laissera pousser librement. Pendant que la première tige fleurira et fructifiera, il poussera autour de celle-ci d'autres tiges qui ne produiront rien l'année même, mais qui produiront l'année d'après. Dites bien aux enfants qu'une tige de framboisier ne dure que deux ans. La première année elle se développe, la seconde année elle se charge de framboises et meurt après cela. Donc, une fois la récolte terminée, on fera bien de couper cette vieille tige jusqu'à la souche. On n'a plus besoin d'elle. Les rejets la remplaceront. On prendra de ces rejets deux ou trois tiges, les plus belles s'entend, qu'on accolera à des baguettes pour qu'elles ne traînent pas, et on détruira les autres. Au printemps suivant, on taillera ces deux ou trois tiges avec un sécateur ou une serpette, de manière à les raccourcir du quart ou du tiers de leur hauteur, et on attendra venir les framboises.

Après la récolte, on supprimera les vieilles tiges, on en choisira de jeunes au pied pour les remplacer, et ainsi de suite tous les ans.

Au bout d'un temps qui n'est pas bien long, la terre s'use et les framboises perdent de leur volume. Quand on peut tous les cinq ou six ans changer le framboisier de place, l'ôter de l'endroit où il n'y a plus guère à manger pour le remettre autre part, on fait bien. Quand on ne le peut pas, il faut donner de l'engrais et l'enterrer autour des souches.

Grav. 10. — Groseillier à grappes.

Il n'est pas plus malaisé de semer des groseilliers que des framboisiers. Vous donnerez à vos petits travailleurs un choix de groseilles bien mûres. Ils les enterreront dans une rigole, sans les écraser; ils les recouvriront d'un peu de terre et ne s'en occuperont pas davantage. Inutile d'arroser. Chaque groseille a sa provision d'eau. Au printemps suivant, les jeunes groseilliers se montreront. On en ôtera et on en gardera. On laissera en place ceux que l'on voudra garder ou bien on les transplantera un an après la levée. Puis on les taillera court, à quelques pouces de terre, afin de les faire brancher du pied. Chaque année, au printemps, on raccourcira les branches du tiers de leur longueur et on dégarnira le milieu du groseillier. Les groseilles se feront peut-être attendre un peu, mais elles arriveront sûrement. Et, ensuite, si vos bonshommes les trouvent belles et bonnes, rien ne les empêchera, pour en avoir de pareilles, de couper au printemps les rameaux d'un an et de les planter à quelques pouces de profondeur. Ils y prendront racine comme font les rameaux de saule et de peuplier. Le rameau que l'on plante s'appelle *bouture*, la plantation de la bouture s'appelle un *bouturage*.

En enterrant des baies ou grains de raisin à l'automne, de la même façon que les baies du groseillier, il pousserait sûrement de la vigne au printemps suivant, et, au bout de cinq ou six années, on aurait du raisin ; mais comme on n'est jamais sûr d'obtenir le raisin qu'on a semé, vous vous y prendrez autrement. Au mois de février ou en mars, vous vous procurerez chez un voisin ou chez un ami, un sarment de bon chasselas doré, vous le couperez en deux ou trois morceaux, et vous direz aux enfants de les bouturer. C'est tout aussi aisé que de bouturer le groseillier. Ils arroseront de temps en temps

Grav. 11. — Pied de vigne.

par la grande sécheresse. L'année d'ensuite, vous leur apprendrez à tailler la pousse à deux yeux ou à deux *bourres*, comme on dit encore, et à faire les diverses opérations d'entretien que le praticien enseigne plus aisément que l'écrivain.

Pour avoir un poirier nain, il vous faut d'abord du plant de coignassier. Vous conserverez donc des pepins de coings parfaitement mûrs, et au printemps suivant, vous les remettrez à vos jeunes travailleurs qui les laveront bien, les essuieront, et les planteront dans une bonne terre. Si les pepins ne germent pas tous, il en germera toujours une partie, et dès que les jeunes arbres seront en état de recevoir des greffes de bonnes poires, vous enseignerez l'art du greffage. Ici, encore, la plume est impuissante, et cinq minutes de pratique vaudront mieux et en apprendront plus que cinquante lignes d'un écrit quelconque.

XIII. — Il faut connaître les plantes nuisibles.

L'HERBIER DE L'ENFANT.

En ce qui regarde la culture, je ne trouve pas que les petites connaissances qui, jusqu'ici, ont fait l'objet de mes leçons, soient suffisantes. Ainsi, par exemple, toutes les fois que j'ai parlé des sarclages, c'est-à-dire de la nécessité d'arracher et de jeter les herbes qui poussent dans le jardinet sans qu'on les y ait semées, il m'a semblé entendre cette question : — Quelles sont ces herbes-là?

Les enfants ont raison de montrer de la curiosité; c'est de leur âge et c'est bon signe. Qui veut apprendre doit questionner. L'essentiel est de ne

point leur bourrer la tête de trop de noms à la fois.
Si, pour commencer, on les habituait à une ving-
taine seulement, ce serait fort joli déjà. Et dès
qu'ils les sauraient bien, je parie qu'ils voudraient
en savoir d'autres et qu'à la longue toutes les herbes
du canton y passeraient. — Et où serait le mal, s'il
vous plaît?

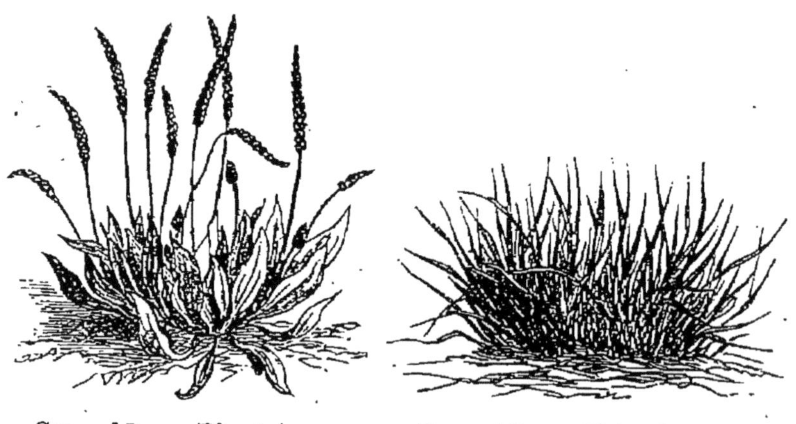

Grav. 12. — Plantain.   Grav. 13. — Chiendent.

Faisons-leur voir d'abord les plantes qui leur
causeront le plus de contrariétés. De celles-là, j'en
connais cinq, qui sont : le chiendent, là renoncule
rampante, le liseron des champs, la vesce et la pa-
tience. Quand on a le malheur de les perdre de vue,
ces méchantes herbes, elles vont vite, et, après
cela, on ne s'en débarrasse pas commodément. —
Vous les prendrez une à une, vous les mettrez sous
les yeux des enfants, vous leur direz de les bien
regarder, et, s'il le faut, vous répéterez la chose

tous les jours, une semaine durant, jusqu'à ce qu'ils vous les nomment sans hésiter.

Vous arriverez ensuite à une seconde série qui ne vaut guère mieux que la première, mais qui pourtant impatiente un peu moins. Elle comprend le laitron des champs dans les terres argileuses, la fausse

Grav. 14. — Chardon.   Grav. 15. — Patience.

roquette dans les terres sablonneuses, et l'achillée mille-feuille presque partout. Pour s'en défaire aisément, il faut s'y prendre de bonne heure, c'est-à-dire quand ces herbes sont toutes jeunes.

Dès que vos bonshommes les connaîtront bien, vous passerez à une troisième catégorie où se trouvent, selon les terrains, le panic sauvage, le pâturin annuel, la petite ou la grande ciguë, le pissenlit, le plantain, le chardon et la renouée des oiseaux.

En dernier lieu, ce sera le tour de diverses autres plantes qui ne résistent guère à la main, comme le seneçon, divers laitrons, la mercuriale annuelle, l'euphorbe et enfin une maudite plante qu'on appelle jusquiame noire. Celle-ci ne se tient pas dans les jardins, mais elle vient dans les cours, dans le voisinage des maisons, et c'est un si terrible poison qu'on ne doit point lui faire de quartier.

Vingt noms à se mettre dans la mémoire! Ce n'est point la mer à boire, convenez-en. Et, notez ceci, sur les vingt, pas un nom scientifique, rien par conséquent de difficile à retenir.

La science a du bon, mais elle a de si drôles de mots qu'elle n'est point engageante pour les débutants. Elle aura son heure; nous nous en servirons un peu plus tard. Quant à présent, laissez-la tranquille.

Lorsque vos petits travailleurs tiendront les noms vulgaires, vous vous arrangerez de façon à ce qu'ils ne les perdent pas; et le meilleur moyen sera de leur apprendre à dessécher les plantes entre des feuilles de papier gris non collé. Puis, dès qu'elles seront bien desséchées, vous leur montrerez à les épingler dans un cahier de papier blanc. Et une fois épinglées, vous leur ferez écrire à côté de chaque plante le nom vulgaire, le nom botanique et même le nom patois.

Encore un conseil pour finir. Nous avons tous, vous le savez, la fâcheuse habitude de qualifier de mauvaises les herbes qui nous gènent ou dont nous ne savons que faire. Or, il importe de rompre avec cette habitude et de revenir à la raison.

Je crois qu'il n'y a pas de plante absolument mauvaise, pas même la jusquiame noire dont je vous parlais tout à l'heure, puisque la graine de cette herbe à poison peut, quand on l'emploie prudemment et convenablement, rendre plusieurs services.

C'est pourquoi je voudrais qu'au-dessous des noms des plantes, on écrivît leurs défauts, leurs qualités, les propriétés qu'on leur attribue à tort ou à raison dans nos villages, les mérites ou les inconvénients que leur prêtent les médecins, les vétérinaires, les empiriques, les cultivateurs et les ménagères.

M'est avis qu'il sortirait de là de bonnes choses.

XIV. — Apprenez à connaître et à respecter vos amis.

LES INSECTES UTILES.

Quand nous nous sommes défendu de notre mieux contre les plantes nuisibles, c'est à recommencer contre les insectes. Pour quelques-uns qui nous font du bien, il y en a des quantités qui nous font du mal. Mais naturellement le plus pressé c'est de connaître nos amis et de les recommander aux enfants qui, souvent, leur manquent d'égards.

Ces insectes amis ne sont pas nombreux; nous les compterions sur nos doigts. Les abeilles sont de ceux-là et les vers à soie aussi. Il y a des livres qui en parlent, qui donnent la manière de les élever et d'en tirer profit. Quand vos petits travailleurs seront devenus des hommes, vous leur mettrez ces livres dans les mains. Le moment n'est pas encore venu. Cependant, dès à présent, vous pouvez leur dire que les abeilles ne se bornent point à faire du miel et de la cire, deux bonnes choses assurément. Avec cela, elles aident encore les fleurs des plantes et des arbres à former des fruits ou des graines. En allant de l'une à l'autre, elles facilitent la fécondation. Les fruits nouent plus sûrement

Grav. 16. — Abeille butinant sur un trèfle.

dans un verger fréquenté par de nombreuses abeilles que dans un verger où l'on n'en voit guère.

Mais, à côté de l'avantage il y a aussi un incon-
vénient. Les abeilles, en allant d'une espèce, d'une
variété à une autre espèce et variété, les marient
entre elles et font des bâtards, de façon qu'il devient
difficile de conserver la pureté des races !

Grav. 17. — Ver à soie.

Vous connaissez et les enfants connaissent éga-
lement deux insectes qu'on nomme l'un : *cheval à
bon Dieu*, l'autre : *petite bête à bon Dieu*. Les anciens
qui leur ont donné ces noms-là y ont mis sûrement
de la malice ; ils savaient bien qu'ainsi baptisés, les
gens de nos campagnes y regarderaient à deux fois
avant de leur faire des misères ou de les tuer. Ce
n'est point parce qu'ils sont jolis qu'on a voulu les
protéger, car il y en a de plus jolis qu'eux ; c'est
tout bonnement parce qu'ils sont utiles. On ne s'est

pas occupé de la cétoine dorée qu'on trouve dans le
cœur de nos roses, ni du charmant criocère rouge
qui mange la feuille de nos lis, ni des charançons
verts ou bleus, ni de tant d'autres insectes aux
couleurs ravissantes. Ceux-ci nous font du mal et
il n'y avait pas de raison pour qu'on empêchât de
les tuer. Pour ce qui est du carabe doré dont on a
fait le *cheval à bon Dieu*, et de la coccinelle dont on

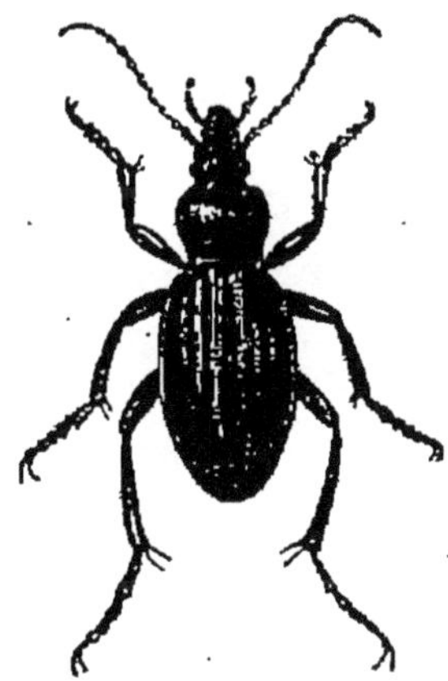

Grav. 18. — Carabe doré (cheval à bon Dieu).

a fait la *petite bête à bon Dieu*, c'est tout à fait diffé-
rent. Ceux-là nous servent en donnant la chasse à
nos ennemis et en les dévorant. Le carabe court
parmi les planches du jardin et n'épargne aucun
des insectes qu'il rencontre; la coccinelle se pro-
mène sur les plantes, sur les arbres et mange les
pucerons. Il importe donc que nos petits cultiva-
teurs connaissent bien ces deux insectes carnassiers
et les tiennent pour des auxiliaires précieux.

Les nécrophores sont aussi des insectes à ménager. Ce sont eux qui se chargent de creuser la fosse et d'y enterrer les petits animaux, crapauds, souris, musaraignes ou taupes que l'on abandonne sur le sol.

Grav. 19. — Les nécrophores à l'œuvre pour enterrer un crapaud.

Les punaises vertes, grises ou brunes sont à ménager aussi. Je suis tenté de croire qu'elles vivent de pucerons.

Enfin, apprenons aux enfants à connaître les ichneumons et à les respecter. Il en existe de bien des sortes, des gros, des petits, des moyens, qui tous ont un peu de ressemblance avec les cousins, mais qui s'en distinguent par une sorte de tarière

qui leur permet de trouer le corps des chenilles et
de pondre un œuf dans chacune d'elles. L'œuf y
éclôt, le petit ichneumon se nourrit de la substance

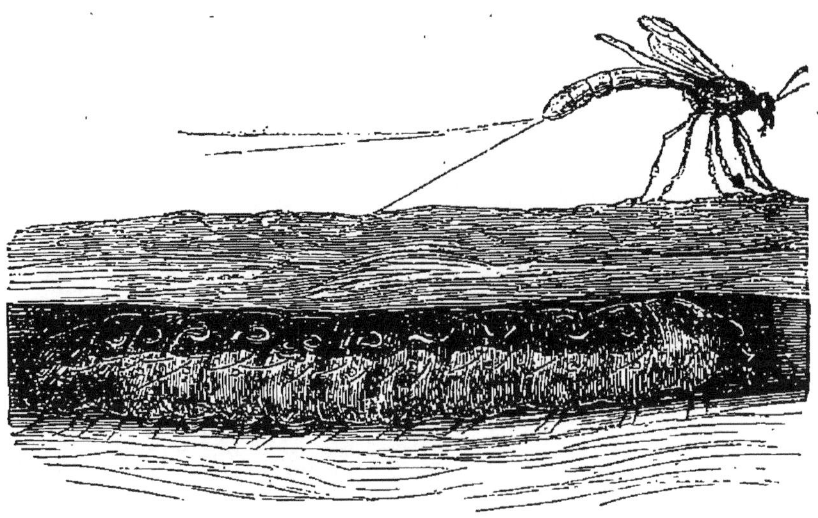

Grav. 20. — L'ichneumon pondant sur une chenille (vu à la loupe).

de cette chenille, et quand il est suffisamment dé-
veloppé pour abandonner son nid et sa proie, la
chenille malade ne tarde pas à périr.

Dites cela à vos élèves et recommandez-leur bien
de ne tuer aucun des insectes ailés qui ont de la
ressemblance avec les cousins ou moustiques. Je
ne veux pas de bien à ceux-ci, mais, pour mon
compte, je ne les tue que lorsqu'ils me provoquent,
tant j'ai peur de tuer un ichneumon pour un cousin.

Arrêtez bien aussi l'attention de vos jeunes en-
fants sur ce fait que la plupart de nos petits oi-
seaux sont nos plus utiles auxiliaires quand il s'agit

de nous défendre contre tous les insectes que nous passerons tout à l'heure en revue, et toutes les fois que vous en aurez l'occasion, apprenez-leur que l'hirondelle et la chauve-souris sont les plus grands

Grav. 21. — L'hirondelle à la chasse.

destructeurs d'insectes qui existent. Et la mésange, et la fauvette, le rouge-gorge, le pinson? Est-ce que tout ce petit monde qui gazouille dans nos arbres, dans nos haies, qui anime nos jardins et nos vergers, ne vit pas d'insectes? Est-ce que le moineau lui-même, un grand pillard pourtant, ne rachète pas ses rapines avec les chenilles qu'il nous prend pour nourrir ses petits?

Et alors pourquoi dénicher les couvées, tourmenter, prendre ou tuer ces précieux serviteurs? Pourquoi leur rendre le mal en retour du bien qu'ils nous font?

Les enfants à qui vous direz cela comprendront, mais ils ne s'y arrêteront que plus tard, quand la raison leur viendra. La semence que vous aurez mise dans leur esprit n'y germera qu'à la longue, mais enfin elle y sera et germera à son heure. Ce n'est point par l'intérêt que vous les prendrez d'abord ; il faut essayer du sentiment, il faut les bien pénétrer du chagrin des mères, qui poussent des cris plaintifs quand on leur vole leurs petits, qui se désespèrent, les cherchent, les appellent et pleurent à leur manière comme pleureraient de pauvres femmes si des bohémiens volaient leurs enfants.

XV. — Guerre aux animaux nuisibles !

Si les insectes utiles n'abondent pas, ceux qui sont nuisibles fourmillent. Passons-les en revue et arrêtons-nous un peu devant chacun de ceux qui nous font le plus enrager.

Hannetons et vers blancs.

Voici le *hanneton* commun. Qui est-ce qui ne le connaît pas ? Quel est le bambin qui ne s'est pas

amusé à lui attacher un fil à la patte? Quel est
l'écolier qui n'en a pas rempli ses poches et n'en a
pas lâchés en pleine classe pour ajouter un agrément
à la leçon du maître? Quel est le gamin de Paris
qui n'en a pas acheté quatre pour un sou? Le han-
neton, c'est une de nos célébrités et sa vie n'est
plus un mystère pour personne. La femelle gratte
la terre remuée à quelques centimètres, y pond de
vingt à trente œufs qui deviennent au bout de quel-
ques semaines une nichée de petits vers blancs
à tête jaunâtre qu'on appelle *mans*, *turcs*, *cotte-*
reaux, etc., selon les endroits.

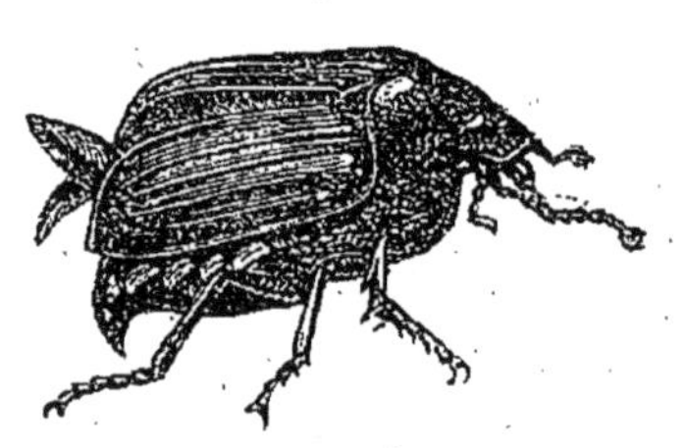

Grav. 22. — Hanneton.   Grav. 23. — Ver blanc.

La première année, ils vivent en famille, sans
se séparer. Les pères et les mères sont morts.
Quand le froid arrive, les vers blancs descendent
en terre par instinct. La seconde année, ils se sé-
parent, grossissent, montent vers la surface du sol
et vivent des racines de nos herbes et de nos ar-
bres. Quand vous voyez un pied de laitue ou de

fraisier se faner et mourir, arrachez-le, vous trou-
verez un ver blanc au milieu de ses racines. La
troisième année il grossira encore et au commen-
cement de la quatrième il sera changé en hanneton,
sortira de terre et s'envolera sur les arbres pour en
grignoter les feuilles.

Le mal qu'occasionnent les vers blancs est
énorme. C'est par millions qu'on évalue les pertes.

Et les moyens de s'en défaire, s'il vous plaît? Les
uns conseillent de planter des bordures de laitues
autour de l'espace que l'on veut préserver, afin de
les prendre par la gourmandise; les autres con-
seillent de semer de la fleur de soufre sur le sol et
de l'enterrer ensuite à la bêche. Ceux-ci recom-
mandent d'enfouir des choux pourris à cause de
leur puanteur; ceux-là, des matières fécales bras-
sées avec de la chaux et du plâtre. Il y en a enfin
qui assurent que des feuilles sèches trempées dans
du goudron de houille et mises dans les trous au
moment de la plantation des arbres, éloignent les
hannetons. J'aime mieux le moyen de M. Giot,
fermier à Chevry (Seine-et-Marne). Il consiste à
conduire des centaines de poules en omnibus au
milieu de ses champs et à les lâcher au moment où
les charrues marchent. Il faut les voir se jeter dans
la raie, presque dans les jambes du laboureur. Pas
un ver, pas une larve, pas un insecte n'échappent.
En Normandie, les femmes et les enfants font la

besogne des poules; ils suivent la charrue et ramassent les vers blancs.

Le hanneton commun n'est pas le seul du nom; il en existe d'autres, de plus gros et surtout de plus petits, ne valant ni mieux ni moins. Demandez au cultivateur ce qu'il pense du petit hanneton des champs qui mange les grains de seigle sur pied avant qu'ils soient mûrs.

Charançons.

Si j'avais à choisir entre les *charançons* et les hannetons, je me trouverais dans l'embarras. Gredineries pour gredineries, je crois qu'ils vont de pair.

Grav. 24. — Le charançon (vu à la loupe).

C'est par milliers d'espèces qu'on compte les charançons; quant aux noms qu'on leur donne, c'est à ne pas s'y reconnaître.

Il y en a un fort joli, ma foi, d'un beau rouge doré métallique. Les savants le nomment *Rhynchite Bacchus* et les jardiniers *Lisette*. C'est la femelle de ce charançon qui perce un trou dans nos poires au moment où elles viennent de nouer et qui pond dans chaque trou un œuf. L'œuf devient un ver ou une larve, comme on voudra l'appeler. La poire tombe, le ver sort, entre en terre et se métamorphose à la longue en insecte parfait.

Un autre charançon vert doré brillant ou bleu métallique, c'est-à-dire reluisant comme du métal poli, s'attaque à la vigne. C'est le *Rhynchite du bouleau*. La femelle roule les feuilles de vigne pour y pondre ; il n'y a pas grand mal à cela. Une troisième espèce, toute petite, à voir à la loupe, d'un bleu foncé et qui se nomme *Rhynchite conique* ou *coupe-bourgeon*, fait son trou dans les jeunes rameaux d'arbres, un seul trou par rameau, et y pond un œuf. Après la ponte, la femelle coupe en partie le rameau par une incision annulaire, afin de modérer la circulation de la séve, et, peu à peu, le bout du rameau se flétrit, s'abaisse et meurt.

Un tout petit charançon, le *Baris verdâtre*, pond dans les tiges de choux. Les larves y creusent des galeries. Le *Baris chloris* fait le même mal aux colzas.

Souvent, au collet des choux à repiquer, des choux-fleurs qui souffrent et des navets, on voit de

petites boules, des renflements. C'est la femelle
d'un charançon, du *Ceutorhynque sulcicolle* qui les a
piqués pour y mettre sa ponte.

Vous avez vu quelquefois des boutons de pom-
miers qui ne s'ouvrent pas et qui ressemblent à des
clous de girofle. C'est la faute d'un charançon qui
s'appelle *Anthonome du pommier*. Le poirier a aussi
son *anthonome*.

C'est encore un charançon, la femelle du *Balanin
des noisettes*, qui dépose un œuf dans les noisettes
vertes, toutes jeunes, et c'est cet œuf qui devient
larve ou ver. Quand le ver a toute sa force, la noi-
sette tombe ; il ouvre un trou avec sa forte mâ-
choire, sort de sa prison, se retire dans la terre et
y reste en attendant sa métamorphose.

C'est encore un charançon, l'*Otiorhynque de la li-
véche*, qui ronge les fleurs et les jeunes pousses des
pêchers. Les jardiniers des environs de Paris le
nomment *Bécare* et lui font la chasse le long des
murs.

C'est enfin un charançon, cette *Bruche* qui pond
ses œufs sur les jeunes pousses de pois, de lentilles
et de fèves. Le ver entre dans le grain, s'y installe
sans qu'on puisse voir par où il y est entré, car la
séve a bouché le trou, vit là dedans, s'y métamor-
phose et n'en sort qu'au printemps suivant ou bien
vers la fin de l'hiver quand on met cuire les lé-
gumes dans l'eau bouillante.

Les enfants sont si questionneurs qu'ils vous demanderont sûrement de quelle manière on doit s'y prendre pour se débarrasser de tous les charançons que je viens de citer.

Vous leur répondrez qu'on n'en connaît pas d'expéditive. Le meilleur moyen consiste à ramasser les poires tombées, à enlever les feuilles de vigne roulées, les bouts de rameaux d'arbres pendants, les tiges de choux attaquées, les boutons de pommiers et de poiriers qui ne s'ouvrent pas, les noisettes véreuses, etc., d'en faire un tas et d'y mettre le feu. Quand on a grillé les larves, on est sûr de n'avoir ni pères ni mères charançons pour multiplier les espèces. Pour ce qui est de la bruche des pois, lentilles et fèves, on est sûr de s'en débarrasser par la cuisson des légumes. Nous la mangeons en purée ou autrement. Mais quand nous plantons ces légumes, nous enterrons les bruches avec les graines. Voilà le mal. En chauffant légèrement les graines en question avant de les planter, les bruches en sortiraient bien vite. Si je vous l'assure, c'est que j'en ai fait l'expérience.

Xylophages.

Il y a des insectes mangeurs de bois ou xylophages, comme disent les savants, qui n'intéressent point les enfants. Dites-leur seulement que ceux qui se logent sous l'écorce des ormes, des chênes, des vieux poiriers, pommiers, cerisiers et abricotiers et qui labourent la surface du bois se nomment *Scolytes*. Ils ne font d'ailleurs que s'attaquer aux arbres malades pour les aider à mourir, ils ne touchent point à ceux qui se portent bien.

Criocères.

Passons de suite à des insectes dangereux pour nos jardins. Ceux-ci s'appellent Criocères. Nous avons le *Criocère du lis*, d'un beau rouge vermillon, qui mange très-bien les feuilles du lis blanc et de la fritillaire ou couronne impériale. Les larves font plus de mal que l'insecte parfait. Vous trouverez ces larves cachées au revers des feuilles sous des ordures verdâtres. Nous avons ensuite le *Criocère de l'asperge* et le *Criocère à douze points* qui vivent l'un et l'autre des tiges tendres et des feuilles de l'asperge. Le premier a le corselet rouge et les élytres blanches avec une bordure d'un jaune fauve; le second a les élytres fauves, marquées chacune de six points noirs. Ces deux criocères, si terribles dans les aspergeries surtout par leurs larves, sont faciles à détruire, mais il faut y mettre des précautions. Quand on va les saisir avec la main, ils se laissent tomber et font les morts. Le mieux est de prendre un parasol ou un parapluie, de le renverser, de secouer dedans les insectes et de les noyer ensuite dans un vase où il y a de l'eau.

Eumolpes et Altises.

Parmi les insectes de l'ordre des Coléoptères, c'est-à-dire dont les ailes sont recouvertes par des étuis, il en reste encore quelques-uns qui intéressent les enfants aussi bien que les hommes. Ce sont les Eumolpes et les Altises.

Les *Eumolpes de la vigne* portent chez nos vignerons le nom d'*écrivains* parce que les découpures qu'ils font aux feuilles ressemblent à des caractères d'une écriture bizarre. Les Eumolpes sont de couleur rousse, avec la tête et le corselet noirs. Ils n'attaquent pas seulement les feuilles, ils rongent encore les jeunes pousses de la vigne et les grappes tendres. Leurs larves se tiennent sous terre au pied des ceps et causent du dommage aux racines.

Les Eumolpes sont difficiles à saisir; dès que vous en approchez la main, ils se laissent tomber et ne font plus de mouvement. Pour s'en défaire, on a proposé de se servir d'un entonnoir échancré communiquant avec un sac. On engageait le cep dans l'échancrure et on le secouait pour faire tomber les Eumolpes. Cet appareil, imaginé par un

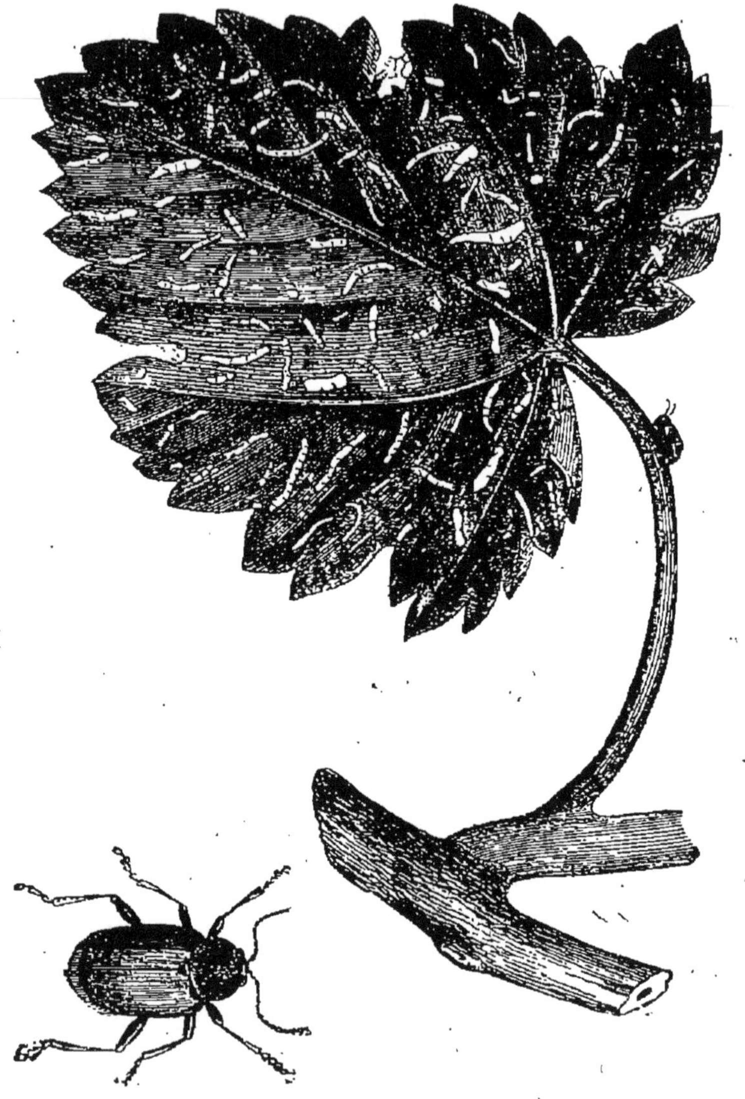

Grav. 25. — Eumolpe de la vigne ou écrivain, vu à la loupe.

propriétaire de Savigny-sous-Beaune, n'a pas eu de
succès. Pourquoi? Je l'ignore. Un cultivateur de

treilles de Thomery, M. Rose Charmeux, met des cailles apprivoisées dans ses serres à forcer les raisins et leur abandonne le soin de détruire les écrivains. On a remarqué que les vignes fréquentées par les poules n'ont point à souffrir des insectes, pas plus des Eumolpes que des autres ; aussi, dans le Médoc, il est d'usage de placer parmi les vignes des volières portatives et d'y loger des poules au premier étage et des canards au rez-de-chaussée. Le matin on ouvre les portes à la volaille et le soir on les enferme.

Les Altises que je vous citais tout à l'heure, sont de petits insectes qui sautent comme des puces et que, pour cette raison, on nomme souvent *puces de terre* et quelquefois *tiquets*. Ces Altises comprennent plusieurs espèces. Les unes font du mal aux vignes dans le Midi, les autres sont très-friandes de jeunes feuilles et se jettent principalement sur les plantes de la famille des Crucifères, telles que radis, choux, giroflées, etc. On les rebute un peu en répandant sur les plantes de la chaux en poudre et de la fleur de soufre, de la cendre de bois, de la sciure de bois ou de la terre fine imprégnée de goudron de houille ; on les contrarie aussi avec de fréquents arrosages. Vilaine engeance que ces Altises ! On a bien de la peine à s'en débarrasser comme on le voudrait. Il y a des jardiniers qui font macérer dans l'eau des champignons de bois pourris et qui se servent de cette eau pour arroser les plantes. C'est à essayer.

Perce-oreille, Cafard, Courtilière et Sauterelle.

J'ai dit ce que j'avais à dire sur quelques insectes nuisibles de l'ordre des Coléoptères ; je passe à présent à des insectes de l'ordre des Orthoptères, nom baroque qui ne dit rien à l'esprit. C'est là dedans qu'on trouve les Forficules, les Blattes, les Courtilières et les Sauterelles.

Grav. 26. — La forficule ou perce-oreille.

La *Forficule* est un vilain insecte que tout le monde appelle *perce-oreille* et dont les enfants et les grandes personnes ont peur à cause de cela. On a fait sur son compte des histoires de commères ; on a raconté qu'il se faufilait dans les oreilles des gens endormis à terre et qu'il perçait le tympan. Engagez bien vos bonshommes à n'en rien croire. Le

nom vulgaire appliqué à la forficule vient tout bonnement du mot latin *forficula,* qui signifie petites
tenailles, à cause de la ressemblance des cornes de
l'insecte avec les pinces dont on se sert pour percer
les oreilles.

La forficule n'est dangereuse que pour les cultivateurs de fruits. Elle affectionne les abricots, les
pêches, les prunes et les poires, les entame pendant
la nuit et se cache le jour dans les trous qu'elle y
a ouverts. Elle attaque aussi les boutons des pêchers en espalier, les tiges des œillets, les jeunes
pousses de dahlias, les raisins mûrs. Quand elle n'a
pas de fruits où se loger pendant le jour, elle se
cache sous les vieilles écorces d'arbres, sous les
pierres, dans les ombelles des porte-graines de carottes, etc.

Quand on saisit une forficule avec les doigts, elle
prend un air menaçant, se redresse, ouvre ses pinces, mais c'est tout ; elle n'est pas à craindre.

Le meilleur moyen de faire la chasse aux forficules sur les arbres en espalier, c'est de former des
petites bottes de rameaux feuillus au moment de la
taille en vert et de les placer de distance en distance entre le mur et les branches de charpente.
Les forficules, qui sont des insectes de nuit, se cachent dans ces bottes aussitôt que le jour se montre,
et il n'y a plus qu'à les enlever, à les secouer et à
tuer les insectes qui en tombent.

Avec les tiges creuses des roseaux et de quelques autres plantes ; avec des morceaux de jeunes pousses de sureau dont on aurait enlevé la moelle et bouché une des extrémités, on prendrait beaucoup de perce-oreilles.

Au tour des *blattes*, maintenant. On les appelle vulgairement bêtes noires, cafards et cancrelats. Elles se plaisent dans les endroits chauds et font le chagrin des boulangers, des pâtissiers, des cuisinières et des cultivateurs en serres chaudes. Les blattes sont des insectes nocturnes comme les perce-oreilles ; la journée elles se tiennent cachées dans les trous de murs ; la nuit elles sortent, mangent de tout et font de grands dégâts.

M. Boisduval rapporte que, dans les colonies, on les attrape avec des boîtes de bois, ouvrant à charnières et percées sur le côté, près de leur fond, d'une ouverture étroite de deux ou trois centimètres de longueur. On met dans les boîtes du lard, du pain d'épices, etc. Les blattes qui y entrent pour manger l'appât, y restent cachées pour éviter la lumière du jour. Une fois qu'elles sont prises, on les asphyxie dans les boîtes avec deux ou trois allumettes, ou bien on les écrase.

Rien qu'avec un grand vase de terre vernissé en dedans et un morceau de lard au milieu, on peut en prendre beaucoup. L'essentiel est de s'arranger de façon à ce qu'elles arrivent dans le vase. Elles s'y laissent glisser, mais elles n'en peuvent plus sortir.

Un mot à présent sur la *Courtilière* ou *taupe-grillon*. Le premier de ces deux noms indique que l'insecte fréquente les jardins qu'on appelait autrefois *courtils*; le second indique que l'insecte a une certaine ressemblance avec le grillon et qu'il travaille sous terre comme les taupes.

Grav. 27. — La courtilière.

C'est une redoutable bête, dans les terres légères surtout. La courtilière est carnivore; elle vit d'insectes et de vers, mais au besoin elle ne dédaigne pas les légumes; elle est principalement nuisible parce qu'elle coupe les racines des plantes qu'elle rencontre sur son passage; elle les scie avec ses pattes.

Chaque femelle pond 3 ou 400 œufs vers la fin d'avril ou en mai, dans un nid placé au fond d'une galerie circulaire. Les petits naissent au bout d'une douzaine de jours et mettent trois ans à se développer.

Quand, avec un morceau de paille, on gratte le bord d'un trou de courtilière, l'insecte arrive du fond de sa galerie dans l'espoir de saisir une proie. Aussitôt que la tête est hors du trou, la personne qui se tient par derrière et guette la courtilière, la lance à quelque distance avec son brin de paille et l'écrase ensuite du pied. Les enfants s'amusent à ce jeu de destruction.

Les jardiniers prennent d'une main une cruche d'eau et de l'autre une bouteille d'huile à brûler. En même temps qu'ils versent de l'eau dans le trou, ils versent par-dessus un peu d'huile que l'eau emporte, et au bout de quelques secondes la courtilière, à moitié asphyxiée, sort de sa galerie et on l'achève.

Avec un mélange d'eau et de goudron de houille, on arriverait au même résultat et à moins de frais.

On pourrait encore se servir d'eau dans laquelle on aurait fait bouillir du tourteau de grainés oléagineuses.

Je vais terminer ce chapitre par les *Sauterelles*. Qui est-ce qui ne connaît pas les sauterelles? Il y en a de vertes dans les prés; c'est la locuste. Il y en a de vertes à longue taille sur les treilles; c'est la phanéroptère en faux. Il y en a de petites dont les ailes du dessous sont rouges, bleues, blanchâtres ou jaunes; c'est le criquet voyageur. La locuste mange de l'herbe verte, mais on n'y prend point garde. La phanéroptère en faux mange les grains de raisins et même les feuilles de vigne; on doit donc la chercher, la prendre à la main et la détruire comme à Thomery dans les cultures de chasselas. Le criquet voyageur fait ses ravages en Égypte, en Algérie, en Sicile, de temps en temps dans le midi de la France. Quand les criquets arrivent par nuées,

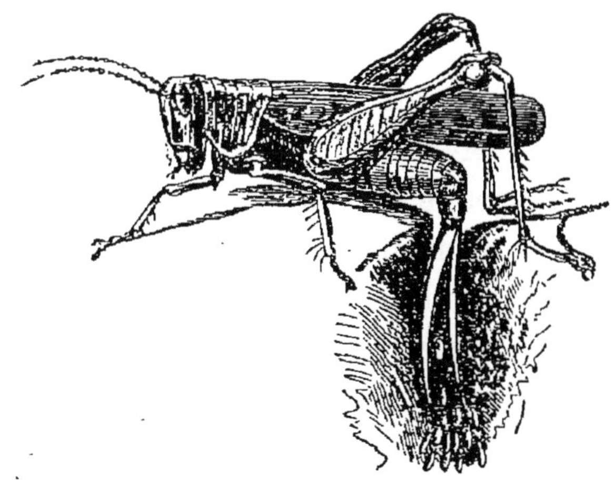

Grav. 28. — Criquet déposant ses œufs en terre.

les récoltes sont perdues où ils s'arrêtent. Impossible de se défendre contre eux; les populations se sont levées en masse, l'armée d'Afrique s'en est mêlée; bâtons, fusils, tout ce qui assomme, tout ce qui tue a été employé et rien n'y a fait. On a beau massacrer; ce qui tombe n'est rien en comparaison de ce qui reste. Non-seulement on ne sauve pas les récoltes, mais on a la peine de faire disparaître les criquets morts; autrement ils pourriraient en plein air et infecteraient le pays.

Pucerons, Guêpes, chenilles et papillons.

Les insectes vous mèneront un peu plus loin que vous ne le voudriez, mais qu'y faire? Il faut absolument que dans nos campagnes on apprenne à connaître les vilains petits animaux avec lesquels on est condamné à vivre. Or, si on n'apprend pas cela quand on est jeune, quand donc l'apprendra-t-on? Et notez que nous ne parlons que des pires garnements et que pour un que l'on cite il y en a des centaines dont il n'est point question.

Vous ne pouvez pas vous dispenser de montrer à vos élèves les milliers de pucerons qui, par moments, sucent la séve de nos plantes. Vous leur en ferez voir de noirs sur les fèves, de grisâtres au revers des feuilles de chou, de verdâtres sur les rosiers, d'autres sur les racines des artichauts, d'autres encore qu'on nomme *Phylloxera* sur les racines de la vigne, et enfin sur vos pommiers le terrible puceron lanigère.

Et lorsqu'ils auront vu ceux-ci et ceux-là, vous leur direz : — Le moyen d'en débarrasser les fèves, c'est de couper les sommités de la plante où ils se trouvent. Le moyen d'en débarrasser les feuilles de chou, c'est de prendre une éponge, de la mouiller un peu et de la promener sur les insectes pour les écraser. Pour ce qui est des rosiers, les fumigations de tabac sont bonnes ; pour ce qui est de la vigne, on ne sait rien encore. Quant au puceron lanigère, le mieux est de brosser les parties infestées ou de les laver avec de la lie de vin ou avec une décoction de tabac, ou avec de l'eau de savon noir.

Vous ne pouvez pas non plus passer sous silence des insectes d'un autre ordre et tout à fait nuisibles, comme le pique-bourgeon, la mouche à scie du groseillier, la larve limace et les guêpes.

Le pique-bourgeon est appelé *Cephus compressus* par les savants. C'est une sorte de mouche qui, vers la fin de mai et en juin, fait des trous dans les rameaux tendres des poiriers et y pond des œufs. Dès que vous voyez le rameau se flétrir, se courber en crosse, le mal est fait ; les feuilles ne tarderont guère à noircir.

Vous avez vu des groseilliers à maquereau tout à fait dépouillés de leurs feuilles pendant l'été. Ce sont ou de vraies chenilles ou de fausses chenilles qui ont commis le dégât. Les vraies chenilles n'ont jamais plus de seize pattes et jamais moins de dix ; les fausses chenilles en ont plus de seize ou n'en ont que six. Les premières engendrent des papillons, les secondes produisent des mouches à quatre ailes. Comptez les pattes de l'insecte qui mange les feuilles du groseillier. Si c'est une chenille, ce sera celle du xérène, mais si c'est une fausse chenille, vous aurez la larve de la mouche à scie du groseillier.

En septembre, il vous est peut-être arrivé de voir des larves noirâtres et gluantes sur les feuilles du poirier. Elles ressemblent à de petites limaces ou à des têtards de crapauds. Ces larves sont celles de l'allante; elles engendrent une sorte de mouche.

Quant aux guêpes, vous les connaissez et savez ce dont elles sont capables. Nous avons la guêpe commune qui niche dans la terre, la guêpe frelon qui est la plus grosse de toutes et la guêpe française qui est la plus petite et qui attache son nid aux murs, aux pierres, aux rameaux d'arbres.

Le moyen de se débarrasser du pique-bourgeon, c'est de couper au-dessous de la piqûre tous les rameaux de poiriers flétris et formant la crosse et de les brûler. Le moyen de se débarrasser de la mouche à scie du groseillier, c'est d'étendre un linge sous le groseillier, de secouer fortement les branches et d'écraser toutes les larves qui tombent. Pour ce qui regarde les larves limaces, le mieux est de les écraser une à une afin d'en diminuer le nombre. Quant aux guêpes, ne chargez pas les enfants de détruire les nids, laissez ce soin aux hommes. Tout ce que des enfants peuvent faire, c'est de prendre des fioles à petit goulot, de les remplir à moitié d'eau miellée et de les suspendre aux endroits fréquentés par les guêpes. Celles qui entrent dans les fioles n'en sortent plus.

Vous aurez à entretenir vos élèves de diverses mouches très-nuisibles. Vous pourrez aisément leur montrer celle de la viande, qui bourdonne dans nos maisons dès qu'elle a pondu ses œufs dans nos vivres, mais il en est quelques-unes sur lesquelles on ne met pas facilement la main. Contentez-vous donc de leur apprendre qu'une mouche du nom d'*Ortalis cerasi* pond dans les bigarreaux et les guignes les œufs qui font un ver dans chacune de ces cerises. Quand les cerises en question tombent, le ver sort, entre en terre, y passe la mauvaise saison, et devient mouche au printemps.

C'est une mouche aussi, du nom de *Dacus*, qui pond ses œufs dans les olives à l'approche de la maturité et nuit beaucoup à la récolte C'est une mouche encore qui pond dans les navets des œufs dont les larves les sillonnent de galeries et les saissent de leurs petits excréments noirâtres. Cette ouche s'appelle *Anthomye*. C'est encore une mouhe, une autre anthomye, qui produit les vers de 'échalote, de la betterave et de l'oseille.

Vous terminerez l'enseignement par les papilons. Vous direz hardiment que pas un d'eux n'est noffensif, attendu que tous engendrent des chenilles.

Mais dans le nombre il y en a de particulièrement dangereux. Vous leur citerez et leur montrerez :

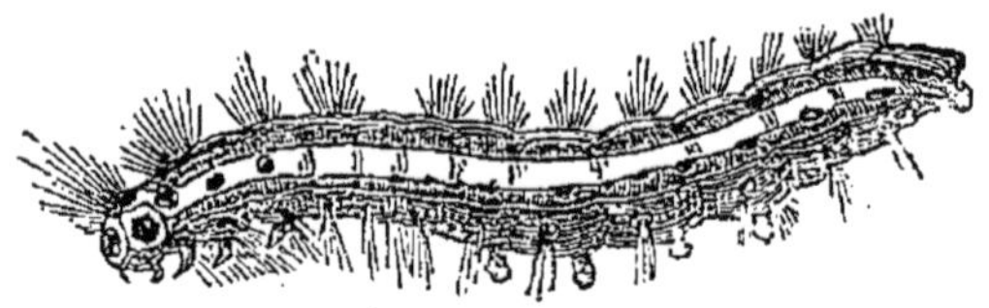

Grav. 29. — Chenille du Bombyx livrée.

Le Bombyx neustrien ou livrée qui dépose ses œufs autour des rameaux de nos arbres, en forme d'anneau ou de bracelet;

Grav. 30. — Œufs du Bombyx livrée.

Le Bombyx chrysorrhé qui naît à l'approche de l'hiver et s'enveloppe de toiles grisâtres au sommet de nos arbres ;

La Phalène hiémale qui, au mois de mai, tord les feuilles de nos poiriers, les lie en paquet pour se loger au milieu et y vivre doucement. C'est une

5.

de ces chenilles d'un vert pâle qu'on nomme arpenteuses, parce qu'en marchant elles ont l'air de mesurer l'espace ;

Les Tordeuses ou Pyrales qui tordent et lient les feuilles de différents arbres, et dont les papillons ont les ailes couchées sur le dos et plus larges aux épaules qu'à l'autre extrémité. Ce sont ces chenilles

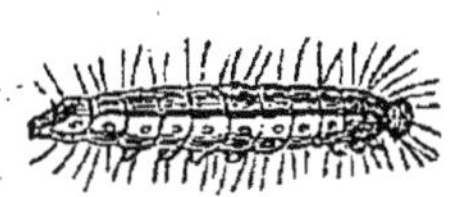

Grav. 31. — Chenille de la pyrale
de la vigne.

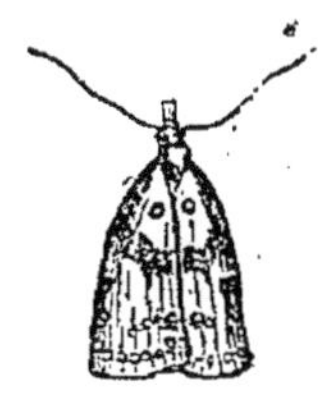

Grav. 32. — Pyrale
de la vigne.

qui lient en paquet les feuilles du poirier, de l'abricotier, du pommier, du cerisier, du rosier, etc. La plus dangereuse des tordeuses est la pyrale de la vigne qui n'épargne pas plus les jeunes grappes que les jeunes feuilles. La pyrale des pommes nous fait également beaucoup de mal ; nous lui devons ces pommes véreuses qui jonchent le sol surtout dans les années sèches et qui ne valent absolument rien malgré leur apparence de maturité précoce. Une fois les pommes tombées, la chenille de la pyrale ne tarde pas à en sortir pour passer l'automne et l'hiver en terre. Vers la fin du printemps le papillon sort, s'accouple, et la femelle va pondre dans l'œil des jeunes pommes et un seul œuf par chaque fruit. Aussi vous n'y trouverez jamais deux vers. C'est encore une pyrale qui rend les prunes véreuses, qui perce les châtaignes.

Après les pyrales, il ne faut point oublier l'Yponomeute du pommier. Montrez du doigt ces pommiers couverts d'espèces de toiles d'araignées, et dans ces toiles d'araignées des paquets de petits

Grav. 33. — Yponomeute
du cerisier.

Grav. 34. — Yponomeute
de l'aubépine.

vers. J'en sais qui les nomment fausses chenilles, mais je vous certifie que ce sont au contraire les vraies chenilles de l'yponomeute ou de la teigne du pommier comme on l'appelle encore, et qu'en se métamorphosant elles engendrent au commencement de juillet de petits papillons de nuit.

Vous saurez que le cerisier et l'aubépine ont quelquefois à souffrir d'un yponomeute, mais qu'on n'en trouve pas sur le poirier, le prunier et l'abricotier.

Un mot sur les larves des tenthrèdes qui dépouillent les arbustes de leurs feuilles et causent des dommages pires que ceux des chenilles auxquelles elles ressemblent au premier abord.

Les unes filent, comme elles, des tentes de soie
sur les cerisiers, pommiers et poiriers ; d'autres vi-
ᵣent à découvert, celles du rosier par exemple, qui

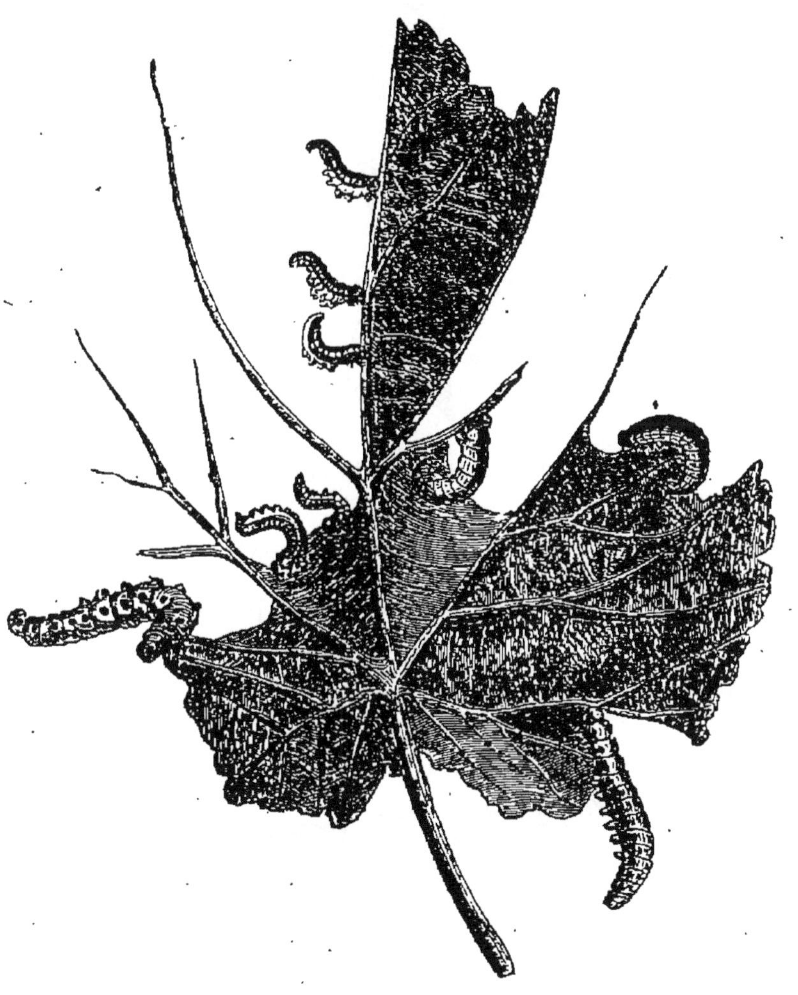

Grav. 35. — Larves de tenthrèdes.

tiennent la partie postérieure de leur corps en arc,
rongeant tout et ne laissant rien après elles.

Vous connaissez les papillons blancs qui voltigent

dans nos jardins. Ce sont les Piérides. Il y en a de trois sortes : la piéride du chou, la piéride du na-

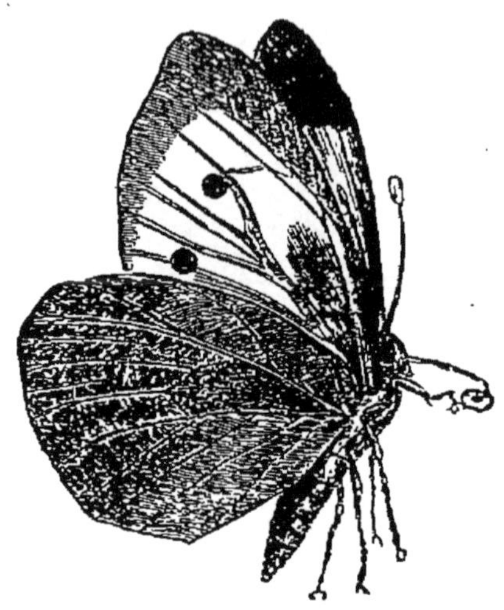

Grav. 36. — Piéride du chou.

vet et la piéride de la rave. Dieu sait ce qu'elles pondent d'œufs sur nos légumes et produisent de chenilles. Celles qui couvrent nos choux et les mangent si vite sortent de là.

Grav. 37. — Chenille de la piéride.

Les chenilles de Noctuelles qui se montrent moins que celles des piérides nous font aussi des dommages considérables. C'est d'abord la noctuelle fiancée, une grosse chenille d'un vert sale, avec la tête couleur d'ocre et deux raies noires sur le front. Elle se cache dans le jour au fond des choux-fleurs, et dans les herbes, etc. Son papillon, au repos, a les ailes couchées horizontalement sur le dos. Les supérieures sont brunes et les inférieures d'un jaune fauve. Vient ensuite la noctuelle des moissons, une chenille courte et gris verdâtre qui se cache dans la terre et coupe nos plantes au collet ; puis la noctuelle potagère, chenille d'un vert foncé, mordant sur tous les légumes ; puis la noctuelle du

Grav. 38. — Chrysalide de la piéride.

chou, tantôt d'un gris jaunâtre marbré de brun, tantôt d'un vert foncé marbré de noir. Cette chenille s'attaque aux choux pommés et les salit de ses ordures. Nous avons, avec cela, la noctuelle de la laitue, chenille d'un vert brun en dessus qui mange les graines vertes de cette plante ; et la noctuelle gamma, d'un vert d'herbe, qui ne permet pas toujours de la remarquer du premier coup sur les feuilles du chou.

En finissant je recommande à votre attention la chenille de la teigne des pois verts et celle de la teigne de la carotte. La première est ce petit ver que vous trouvez en écossant des pois verts, et qui mange les graines une à une ; la seconde est cette autre petite chenille qui lie les ombelles de carotte avec des fils de soie et les mange complétement si l'on n'y prend garde. Cette dernière est d'un gris verdâtre tirant sur le jaune.

J'allais oublier la teigne du poireau et de l'oignon. Cette petite chenille se loge dans les feuilles de ces légumes et s'y nourrit de leur substance.

Pour se protéger contre ces chenilles, il faut les détruire à mesure qu'on les rencontre, détruire les papillons sans exception, naturellement aussi les chrysalides.

XVI. — A l'œuvre pour la récolte : mais s'il y a plaisir à récolter, il y a intérêt à savoir conserver.

RÉCOLTES ET CONSERVATION DES PRODUITS.

Lorsqu'on n'a guère cultivé, on ne saurait récolter des produits à pleines charrettes ou à pleins paniers, mais enfin on récolte quelque chose. Il convient donc que nos petits cultivateurs sachent la manière de s'y prendre et aussi la manière de conserver les produits. Je sais bien qu'ils ne se soucieront guère de les garder et qu'ils auront assez de peine déjà à les laisser venir à point pour s'en régaler, mais il s'en trouvera peut-être un au cent moins pressé que les autres et qui essayera. D'ailleurs, n'y en eût-il point, ce qu'ils auront appris leur servira quelque jour quand ils seront devenus grands.

Les laitues arriveront d'abord. Dès qu'elles seront bien pommées, ils pourront les prendre et les mettre en salade. Obtenez seulement qu'ils en gardent deux pieds et des plus beaux. Ceux-ci monteront, fleuriront et porteront graine. Ils devront la bien laisser mûrir sur pied. Ils reconnaîtront la maturité à des aigrettes blanches. A mesure que ces aigrettes se montreront, ils les saisiront du bout des doigts, les enlèveront et verront la graine au bout. C'est un travail de patience, mais il est bon et il n'y a pas de graine chez les marchands qui vaille celle-là.

Les vrais jardiniers le savent si bien qu'ils récoltent ainsi la leur; et quand ils en ont assez pour leur usage, ils arrachent les pieds de laitue et les font sécher contre un mur ou contre une haie. Puis ils les battent et vendent la semence qui en sort. Celle-ci ne vaut pas la première.

Après les laitues viennent les pois. Les enfants ont rarement la patience d'attendre que les gousses soient bien pleines pour les prendre, les écosser et en manger les grains tendres; dès que ces grains marquent, ils y touchent. Il faudra obtenir d'eux qu'ils gardent une vingtaine de gousses parmi les plus précoces et les plus belles. Ils les distingueront avec un bout de fil de couleur et on leur fera jurer leurs grands dieux de n'y pas toucher. Quand ces gousses seront tout à fait sèches et les graines tout à fait mûres, ils les enlèveront, ne les écosseront pas et les conserveront dans un tiroir jusqu'au moment de la plantation.

Au tour des carottes maintenant. Ils en croqueront certainement, mais il faudra qu'ils en gardent une demi-douzaine des plus jolies. Lorsque viendra l'hiver, ils arracheront celles-ci et couperont les feuilles pour les donner aux lapins. Après cela, ils creuseront dans le jardinet un trou de quarante à cinquante centimètres de profondeur; au fond de ce trou, ils coucheront les racines conservées, l'une à côté de l'autre, sans qu'elles se touchent, et ils remettront la terre par-dessus. En mars ou en avril de l'année suivante, ils déterreront les carottes et les planteront à 30 centimètres de distance. Elles fourniront de la graine et la première mûre sera la meilleure.

Ils feront pour les navets comme pour les carottes et ils récolteront de la graine aussi.

Pour ce qui est du maïs, ils devront réserver

l'épi le plus rapproché de terre ; quant aux autres épis, ils les prendront avant qu'ils soient mûrs et les feront rôtir sur le gril pour les manger aussi chauds que possible. Les épis réservés donneront la graine pour l'année suivante, et l'on saura que la graine du milieu est toujours préférable à celle des deux bouts.

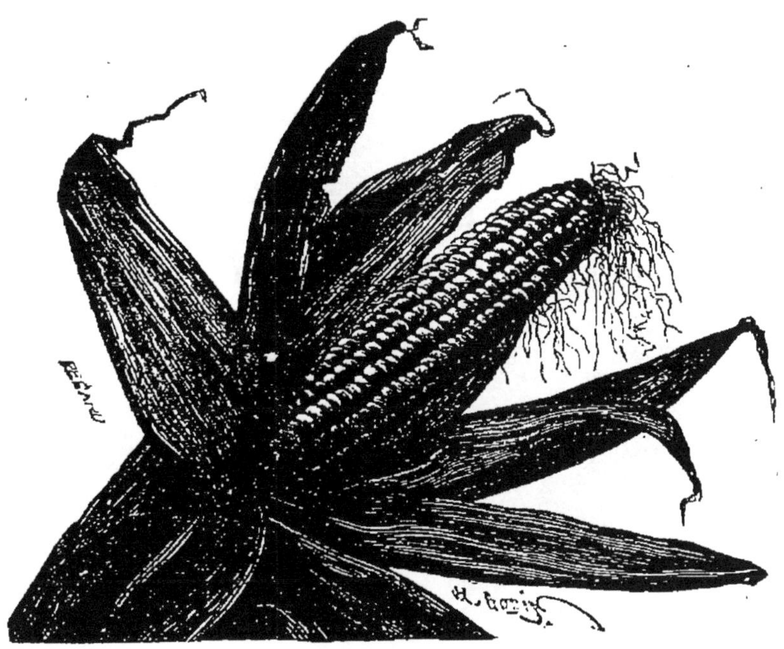

Grav. 39. — Épi de maïs.

Nos petits cultivateurs n'arracheront les pommes de terre qu'à la fin d'août si elles sont précoces, et que vers la fin de septembre si elles sont un peu tardives. L'arrachage devra se faire par un temps sec, les tubercules resteront trois ou quatre heures sur le terrain, puis les enfants les mettront dans un panier découvert et les conserveront dans une pièce fraîche du logis où la gelée ne sera pas à craindre. Le froid les tue, la chaleur les fait germer trop tôt.

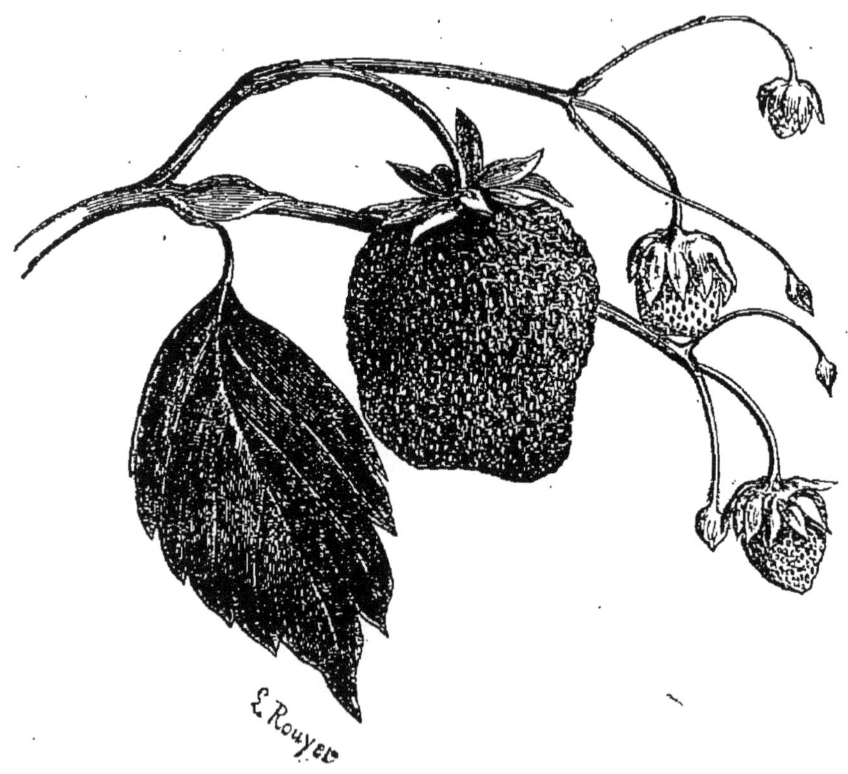

Grav. 40. — Fraises.

Rien à conseiller quant aux fraises et aux framboises. On les mange fraîches, il ne faut pas songer à les conserver. On en fait des sirops et des confitures. Pour ce qui est des groseilles à grappes, on

Grav. 41. — Framboises.

en fait aussi un excellent sirop et une excellente
gelée. J'ajoute qu'on peut les garder longtemps sur

pied, et le moyen, le voici : On enveloppe le groseillier d'un capuchon de paille à travers lequel on laisse passer les rameaux du dessus. Du moment où les groseilles ne sont pas tout à fait mûres et ne reçoivent ni la lumière du jour ni la grande chaleur du soleil, elles se conservent très-bien jusqu'aux gelées.

Les grappes de chasselas seront cueillies mûres, enfermées dans un endroit frais où il n'y ait point de fenêtres et dont on ouvrira la porte le moins souvent possible, de peur du changement d'air. On y entrera avec une lanterne sourde et aussitôt la porte ouverte on aura soin de la refermer derrière soi. Un bon moyen aussi de conserver le raisin, c'est de couper un bout de sarment avec la grappe et de le couper assez long pour qu'on puisse le plonger dans une fiole remplie d'eau à laquelle on ajoute un peu de poussier de charbon de bois. Un bon moyen encore, pour les gens qui ne disposent pas d'un cabinet sombre, c'est de placer les grappes de raisin dans le tiroir d'un meuble et de coller des bandes de papier sur les rainures afin d'empêcher l'air d'y entrer. Il paraît qu'au temps passé on ne s'y prenait pas autrement.

XVII. — Il ne faut rien perdre.

Il convient d'habituer les enfants à ne rien perdre de ce que la nature nous donne et à tirer le meilleur parti possible des produits auxquels on ne prend point garde et que l'on dédaigne un peu trop.

Les pommes et les poires sauvages qu'on trouve dans les bois, et dont personne ne fait cas, ont pourtant leur petit mérite. Si, après les avoir écrasées, on semait leurs pepins, on aurait de vigoureux sujets pour y greffer des variétés de plein vent.

Les fruits du sorbier domestique qui ressemblent à de toutes petites poires et viennent par bouquets, servent à faire un râpé généreux et ne font point d'ailleurs mauvaise figure dans un dessert lorsqu'ils sont blets et ramollis.

Le néflier sauvage donne également des fruits dont le seul tort est de n'avoir point le volume de ceux de nos jardins.

Les noisettes des bois ont leur mérite aussi et remplacent au besoin les avelines sur nos tables.

Le prunellier des haies et des broussailles mérite de fixer l'attention pour les deux raisons que voici : d'abord on peut greffer sur lui des pêchers qui restent nains et sont d'un joli rapport. Pourquoi n'essayerait-on pas aussi d'y greffer des abricotiers et des pruniers pour les avoir de petite taille? Seconde raison : les prunelles bien mûres, cueillies après les premières gelées, servent à préparer une excellente liqueur de ménage qu'on nomme fourderaine dans le nord de la France et ailleurs eau de prunelle.

Les groseilles des haies ne sont pas à dédaigner lorsqu'elles sont mûres, et avant qu'elles le soient on peut en garnir des tartes.

Les myrtilles qu'on trouve dans les bois et les terrains schisteux servent, desséchées, à faire des tartes, et fraîches à faire des confitures.

Les grappes rouges de l'épine-vinette servent également à préparer des confitures renommées.

Les fruits de la macre flottante se vendent cuits à l'eau dans plusieurs marchés comme les châtaignes.

Enfin les tubercules de la gesse tubéreuse, communs dans les terres fortes, sont très-bons crus, et les enfants qui suivent les charrues à l'approche des semailles d'automne ont raison de ne point les dédaigner et d'en garnir leurs poches.

XVIII. — Petit bétail et petite volaille.

De même qu'il n'y a pas de grande culture sans gros bétail ni grosse volaille, de même il ne doit point non plus y avoir de petite culture sans menu bétail ni menues volailles. Quand la propriété se mesure par hectares et s'étend à perte de vue, il lui faut nécessairement les chevaux, les bœufs, les moutons, les porcs, une basse-cour bien peuplée, en un mot tout ce qui fait des engrais en abondance. Lorsque, au contraire, la propriété se réduit à un jardinet, se mesure en deux ou trois enjambées et qu'une ou deux brouettées d'engrais suffisent à nourrir la récolte, trois ou quatre lapins, autant de cochons d'Inde, autant de poules Bantam et deux paires de pigeons pattus feront l'affaire et au delà.

Notez que pour loger ce petit monde, il ne coûtera guère. Avec des bouts de planches hors d'usage, le premier venu vous établira dans quelque coin perdu, à chaude exposition, côte à côte, et sous le même toit, le poulailler et le clapier en dessous, et le pigeonnier en dessus. Une fois la chose faite, nos bonshommes, si vous le voulez bien, commenceront par l'éducation du lapin.

L'éducation du lapin et du cochon d'Inde.

Quatre loges, dont deux de 50 centimètres de côté et les deux autres doubles de celles-là, me

Grav. 42. — Le clapier.

paraissent nécessaires. Dans lès deux premières, on mettra le mâle ici et la femelle là; les deux plus grandes serviront pour loger les petits dès qu'ils auront un mois ou cinq semaines.

A défaut de loges, on pourrait se servir de petites caisses séparées ou d'une grande caisse à plusieurs compartiments. Elles font très-bien l'affaire, et peut-être mieux que les loges. On place ces caisses sous un hangar ou au fond d'une écurie, de façon qu'elles ne soient point gênantes; on garnit le fond de chacune d'elles de paille fraîche qu'on renouvelle toutes les semaines et on recouvre d'un couvercle à claire-voie avec des poids par-dessus pour empêcher les lapins de le soulever. Les gens des Flandres, qui s'y connaissent, ne s'y prennent pas autrement.

De la propreté le plus qu'on peut, de la litière sèche et de l'air, voilà ce qu'il faut aux lapins. Pour ce qui est de la nourriture, ils mordent à peu près sur tout. Les mauvaises herbes du jardin, les fruits verts tombés des arbres, tout leur est bon; ils ne se montrent difficiles et éplucheurs que si on leur donne trop de vivres à la fois. Alors, ils font un choix, grignotent ce qui leur plaît, gâchent ce qui leur plaît moins, le salissent et le rebutent.

L'essentiel donc est de ne pas trop leur donner de nourriture à la fois, de ne point la leur donner mouillée et de la leur servir à diverses reprises, le matin, à midi et vers le soir. Par les temps humides, une ou deux poignées de grains d'avoine pour leur repas de midi sont à recommander.

A la sortie de l'hiver, lorsque la nourriture verte vient à manquer, ils s'accommodent parfaitement du son de blé, du trèfle sec et des pelures fines de pommes de terre qu'on a fait sécher au soleil vers la fin de l'automne à leur intention.

Quand on laisse aux lapins le choix des plantes dans une nourriture verte mêlée, ils prennent de préférence à toutes autres les laitrons, le seneçon, les feuilles de chou, celles de laitue, les carottes et le liseron des champs.

Le lapin gris commun est le plus robuste et le meilleur à manger; c'est donc à lui qu'on devra s'attacher. D'ordinaire, on ne tue pas les lapins avant l'âge de six mois, cependant il n'est point absolument rare de rencontrer des personnes pressées qui les livrent à la cuisine dès l'âge de trois mois.

Comme la qualité des viandes dépend plus qu'on ne pense de la nourriture des animaux, il convient de ne plus donner de choux aux lapins cinq ou six jours avant de les tuer. Lorsqu'on peut leur faire manger du persil, un peu d'avoine pendant ces derniers jours, leur chair acquiert une grande finesse.

Il en est des lapins que l'on tient à bien engraisser comme de tous les animaux. Il leur faut, outre une bonne nourriture, un repos aussi complet que possible. Naturellement craintifs, ils ne doivent être inquiétés ni dérangés durant l'engraissement, et c'est pour cela que certains éleveurs flamands les mettent quelquefois dans un endroit très-calme de la grange ou du hangar, sur un bout de planche fixée au mur à un mètre ou un mètre et demi de terre, où l'animal est fort à la gêne. Ce bout de planche plus long que large est suffisamment étroit pour que le lapin adossé au mur ne puisse pas se retourner, et il a une telle peur de tomber qu'il ne bouge pas. Il se contente de manger les vivres qu'on lui sert à l'extrémité de cette planche. Après quinze jours ou trois semaines au plus de ce repos forcé, il est en bon état de graisse.

Nos petits éleveurs ne manqueront pas par curiosité d'essayer de la recette et ils s'en trouveront bien.

L'éducation des lapins, bien conduite, même sur une petite échelle et par des enfants, sera d'un joli rapport, ils ne devront demander aux mères que six portées par an, et ces six portées, à raison de cinq ou six petits chacune au moins, donneront un chiffre de produit respectable.

Autrefois, il y a de cela longtemps déjà, il était d'usage en divers endroits d'élever de petits cochons d'Inde parmi les lapins. On prétendait que c'était un moyen sûr d'empêcher les rats de se fourrer dans les lapinières et de manger les jeunes. Aujourd'hui, on sait que ce moyen ne sert à rien, et les cochons d'Inde deviennent de plus en plus rares.

Ces petits animaux font cependant encore la joie des enfants, et à ce titre il convient de ne pas les oublier tout à fait. Ils ne sont pas laids ; ils ont le caractère fort doux et ils multiplient énormément. Dès l'âge de cinq à six semaines, les mères donnent des portées de quatre à cinq petits qui, aussitôt nés, trottinent gentiment et font plaisir à voir. La chair du cochon d'Inde ne vaut pas celle du lapin ; on lui reproche d'être fade, mais enfin je la tiens encore pour préférable à la chair du hérisson qu'on ne rebute pas absolument dans nos campagnes.

Le cochon d'Inde n'est pas plus difficile que le lapin sur la nourriture ; il mange à peu près de tout, peu à la fois, mais souvent.

Si le cochon d'Inde est d'un caractère doux, il a en retour le défaut de ne s'attacher à personne et de n'être sensible à aucune prévenance. Il se contente de faire entendre un petit grognement de joie quand on lui offre de la nourriture et de crier un peu à la manière des cochons de lait quand on le tourmente. Son gros inconvénient, c'est d'exhaler une mauvaise odeur et d'infester plus ou moins les habitations où on l'élève, car, au lieu de le laisser dans les lapinières, on a pris la mauvaise habitude de l'introduire dans les maisons. Soyons justes, il était difficile de l'élever autrement, car ce petit animal est tellement sensible à l'humidité et au froid que les chambres saines et chaudes en hiver lui

6.

sont absolument nécessaires. Ce doit être pour cette raison qu'on a fini par le délaisser peu à peu, et c'est pour cette raison aussi que sans le proscrire absolument nous n'osons pas trop en conseiller l'élevage.

L'élevage des poules.

Dans toute exploitation, grande ou petite, on ne doit en prendre que selon ses forces et l'on ne doit viser que le produit net. Jusqu'à présent, nous n'avons donc demandé à nos jeunes éleveurs que ce qu'ils peuvent nous donner raisonnablement. La culture des plantes ne leur a rien coûté, si ce n'est un peu de peine, et encore cette peine n'a-t-elle été qu'un pur agrément. L'élevage des lapins et des cochons d'Inde ne leur coûtera guère non plus, puisqu'ils ont sous la main tout ce qu'il faut pour les nourrir; et puis, avec les lapins surtout, ils peuvent compter sur de petits profits. Mais la situation va changer; nous ne voyons plus au juste les avantages matériels qu'ils vont retirer de l'éducation des poules et des pigeons, et cependant il y a nécessité de les y habituer. La grosse volaille d'une ferme qui est libre d'aller et de venir, de courir un peu partout, de gratter les fumiers et la terre, de glaner dans les pailles, ne coûte guère à nourrir.

Elle vit de ce qu'elle trouve et ramasse et de ce
qui, sans elle, serait perdu, mais du moment où
l'on a affaire à de la petite volaille de fantaisie que

Grav. 43. — Le poulailler.

l'on est obligé de tenir en cage et de nourrir à la
main, il faut nécessairement s'imposer des sacri-
fices et il en coûte de les demander à des enfants
qui ne gagnent rien. A moins que ces enfants

n'aillent glaner à leurs jours de loisir de l'orge, de l'avoine ou du sarrasin derrière les moissonneurs, il leur sera bien difficile de faire la provision de graines nécessaire pour leurs poules et leurs pigeons. Il y a donc lieu à désirer que la famille leur vienne en aide.

Après tout, il ne s'agit pas seulement ici de courir après le profit, l'instruction doit compter pour quelque chose et il ne faut pas trop se plaindre du prix qu'elle coûtera. D'ailleurs, nous allons réduire ce prix le plus possible, et pour cela nous ne donnerons à élever à nos bonshommes qu'un bien petit nombre de sujets, deux ou trois poules et un coq Bantam et deux paires de pigeons.

Si nous préférons les poules Bantam aux poules communes de la grosse espèce, c'est parce que les enfants s'intéressent à ce qui est mignon. La poule Bantam est de la grosseur d'une perdrix; elle est vive et gentille; en un mot elle plaît, ses œufs sont d'un tout petit volume et d'une aussi bonne qualité que les gros. On s'intéresse à ces poules comme à des oiseaux de volière et on les apprivoise aisément. Elles sont excellentes pondeuses et excellentes couveuses aussi. Avec elles, les enfants apprendront ce qu'il est utile de savoir pour l'entretien de la basse-cour. Ils recueilleront les œufs, ils en mangeront, ils en feront couver, ils auront leur nichée de poussins et s'y attacheront. Ils apprendront qu'il faut aux œufs de vingt et un à vingt-deux jours d'incubation pour que les petits éclosent; ils auront pour ces petits toute sorte de soins.

Grav. 44. — Poule de Bantam, ou poule anglaise.

Quand l'hiver viendra, ils leur ménageront un coin dans l'écurie pour qu'ils y aient chaud. Ils auront l'attention de nettoyer le poulailler tous les mois, afin de chasser la vermine qui ne manquerait pas de s'y produire et de tourmenter la volaille. Ils habitueront les poules et les poussins à venir prendre la nourriture dans leurs mains; ils s'en feront des amis, et ce ne sera pas difficile. Ils se garderont bien de les taquiner, car la volaille ne supporte point les taquineries, alors même qu'elles sont un témoignage d'amitié. Quand on l'agace pour rire, quand on la trompe, quand on la chicane amicalement, elle se fâche et garde rancune.

Les poules enfermées pondent moins que si elles étaient libres ; aussi, lorsqu'il sera possible de leur faire une petite cour entourée de treillage, de leur donner un peu d'ombre aux jours de soleil, de mettre un peu de sable dans un coin pour qu'elles s'y roulent à volonté, on réussira à leur faire la vie douce.

Les poules aiment la propreté ; donc on ne se contentera pas de nettoyer fréquemment le poulailler, on aura la précaution aussi de leur donner tous les jours de l'eau claire.

Par les temps humides, leur nourriture devra être fortifiante et se composer de graines ; dans la saison chaude il conviendra d'ajouter à cette nourriture de la verdure fraîche et notamment des feuilles de laitue.

La volaille affectionne les petits vers et les insectes ; on lui en donnera de temps en temps. Néanmoins, on évitera le plus possible de lui jeter des hannetons et de petits escargots. Les poules s'en montrent avides d'abord, mais elles ne tardent pas à s'en dégoûter, et puis les œufs prennent une saveur détestable.

Les pigeons.

Les pigeons sont plus commodes à élever que les poules. Si nous choisissons les pattus de préférence

Grav. 45. — Les pigeons.

aux autres, c'est parce qu'ils sont plus faciles à apprivoiser et qu'ils ne s'éloignent pas de la volière. Les pigeons fuyards ont sur eux l'avantage de ne rien coûter pour la nourriture. Ils vont la chercher à de grandes distances et maraudent comme ils peuvent ; mais ils ne s'accommodent pas de tous les pigeonniers ; ils veulent que le leur soit élevé, qu'il ait ses murs bien blancs et qu'on le voie de loin. Ils ne tarderaient donc pas à se mêler aux volées de pigeons des voisins et à détester la petite volière des enfants. Ceci n'est pas à craindre avec les pigeons pattus, mais en retour ceux-ci ont besoin qu'on mette la nourriture à leur portée, et on ne devra pas négliger de leur servir de temps en temps du menu grain, de l'avoine et des vesces. Les pigeons pattus sont plus productifs que les fuyards, en ce sens qu'ils font plus de couvées et qu'ils sont d'un plus gros volume. On leur préparera un nid à l'un des angles de la volière, et, la bonne nourriture aidant, tout ira pour le mieux.

Il va sans dire qu'on nettoiera le pigeonnier avec autant de soin que le poulailler et que pour faciliter la besogne, on devra disposer la construction de la volière de façon à pouvoir l'ouvrir toujours au grand large.

XIX. — Petites industries agricoles.

Après la petite culture et le petit élevage, nous arrivons naturellement à la petite industrie. On ne peut pas demander aux enfants de se livrer sous ce rapport à des entreprises bien considérables et nécessitant de grands efforts et de grands frais. Je n'ose vraiment leur conseiller que trois opérations qui sont la préparation du sirop de carottes, de la fécule de pommes de terre et de la choucroute. Et encore je ne viens pas dire que ces préparations faites en petit seront avantageuses; je me borne à soutenir que c'est rendre un service aux enfants que de les leur faire connaître. Plus tard, ces connaissances pourront leur servir et leur rapporter du profit.

Sirop de carottes.

Dans les pays du Nord, il n'est point rare de rencontrer des particuliers qui fabriquent pour leur usage divers sirops destinés à remplacer le beurre sur les tartines et à ajouter de l'économie dans le ménage. Ce sont les sirops de carottes, de panais et de betteraves. Le premier et le dernier de ces sirops sont très-répandus en Belgique; quant au sirop de panais, il est recherché dans la Thuringe.

Ils se préparent tous les trois de la même manière et n'offrent pas de difficulté sérieuse; c'est pourquoi je voudrais voir les petites filles et les petits garçons s'occuper de cette préparation économique.

Je vais vous dire de quelle façon l'on s'y prend avec les carottes par exemple. Si j'avais affaire à des hommes, je leur conseillerais d'opérer sur de grandes quantités, mais avec des enfants il convient de ramener l'opération à de faibles proportions. On prendra, je suppose, seize litres de carottes; on les coupera en deux ou trois parties et on les fera cuire avec trois litres d'eau. La cuisson ne prendra guère plus de deux heures. Lorsque les carottes seront bien cuites et en pâte bien chaude, on les pressera de suite pour en exprimer le jus. Si la pâte était refroidie, il en sortirait moins. Pourquoi? Je l'ignore. Si dans le ménage on dispose d'une petite presse, tant mieux; le travail n'en sera que plus facile; s'il n'y en a point, on tordra la pâte dans une serviette de grosse toile comme l'on fait pour avoir le jus de groseilles. Les seize litres de carottes rapporteront à peu près cinq litres de jus qu'on versera dans une marmite de fer ou dans un petit chaudron de cuivre, et que l'on mettra sur le feu. Dès que le jus commencera à bouillir, on modérera le feu et on l'entretiendra aussi doux que possible jusqu'à ce que le jus se soit réduit à l'état de sirop. Cela durera longtemps, mais enfin avec de la patience on se tirera d'affaire.

On calcule que cinq kilos de carottes rendent toujours au moins un demi-kilo de sirop que, dans le commerce, on vend trente centimes et plus.

Lorsqu'on veut faire de ce sirop une véritable friandise, on attend que le jus en ébullition soit réduit de moitié et l'on y ajoute quelques poignées de pommes pelées, coupées par quartiers et débarrassées de leurs pepins.

La pulpe de carotte dont on a extrait le jus ne doit pas être perdue; les lapins s'en accommoderont probablement, mais dans le cas où ils n'en voudraient point, on la donnera aux vaches avant qu'elle soit tout à fait refroidie.

Pour faire le sirop de betteraves ou de panais, on opère exactement comme on vient de le voir pour le sirop de carottes.

Fécule de pommes de terre.

Passons maintenant à la fécule de pommes de terre. On la trouve partout chez les épiciers où elle ne coûte guère, mais dans certains cas il peut arriver qu'on ait oublié d'en acheter et qu'on ait besoin d'en avoir de suite.

Rien n'est plus commode que de s'en procurer par petite quantité. On prend quelques pommes de terre, on les pèle et on les râpe avec une râpe de cuisine dans une soupière ou un vase quelconque où l'on a mis de l'eau. Quand les pommes de terre ont été ainsi râpées, on remue bien la pulpe avec la main dans l'eau, puis on laisse reposer. La fécule descend très-vite au fond du vase et s'y attache. Alors on enlève l'eau doucement jusqu'à ce qu'il ne reste plus que le dépôt. On lave de nouveau ce dépôt dans un peu d'eau claire, on laisse reposer, on verse l'eau de lavage et on obtient de la fécule très-blanche qu'on étend sur des feuilles de papier ou sur du linge et qu'on fait sécher bien doucement devant le feu ou sur un poêle.

Choucroute.

On pourrait aussi habituer les enfants à préparer de la choucroute, car cette préparation est commode et n'exige pas beaucoup de force. Pour l'avoir fine et déliée comme on l'a dans le commerce, il est nécessaire de se procurer un couteau à choucroute. Ce couteau consiste en une espèce de rabot à plusieurs lames sur lequel on promène un cadre rempli de choux. Mais le couteau à choucroute ne vaut guère moins d'une dizaine de francs. Or c'est une trop grosse somme pour des enfants. Il faut donc qu'ils apprennent à se passer de l'instrument et qu'ils se contentent de découper les choux à la main avec le couteau ordinaire de la cuisine.

Tous les choux pommés conviennent pour préparer la choucroute. Après les avoir enlevés du jardin, on les laisse à l'air sous un hangar pendant deux ou trois jours. Ensuite on supprime les larges feuilles vertes jusqu'à ce qu'on arrive aux feuilles blanches de la pomme. Cela fait, on creuse le trognon avec un couteau pointu et on amincit les côtes près de ce trognon, afin de laisser le moins possible de parties dures dans la choucroute; alors il ne reste plus qu'à découper la pomme le plus finement qu'on peut et à jeter dans un panier les feuilles ainsi découpées. C'est long, très-long et il importe de s'y mettre à plusieurs pour faire une besogne de quelque importance.

On a eu soin de tenir une petite futaille dans la cave, une feuillette ou un quartaut, et de la défoncer par le dessus. C'est dans cette petite futaille qu'on va faire la conserve de choux. On commence par en mettre une première couche de vingt à vingt-cinq centimètres d'épaisseur, et l'un des enfants entre dans la futaille avec des sabots neufs et piétine jusqu'à ce que la couche de chou ne cède plus sous ses pieds. Ou bien encore, s'il ne veut pas entrer dans la futaille, il se contente de pilonner les choux avec un morceau de bois. Mais c'est plus fatigant que l'opération avec les pieds.

Dès que la première couche est fortement tassée, on jette par-dessus quelques grains de sel, un peu de poivre en grains et, si l'on veut, le quart d'une feuille de laurier.

On recouvre d'une seconde couche de choux découpés que l'on tasse ou que l'on pilonne comme la première et que l'on assaisonne très-légèrement. Si l'on mettait trop de sel, la choucroute deviendrait dure, et je sais des gens qui n'en mettent pas du tout afin de lui conserver sa tendreté.

On renouvelle ainsi les couches, les foulages et l'assaisonnement, jusqu'à ce qu'on arrive à vingt-cinq centimètres de la partie supérieure de la futaille. On place sur la dernière couche soit du linge blanc bien propre, soit tout simplement de larges feuilles vertes de choux; puis par-dessus le linge ou les feuilles de choux, on met un couvercle mobile en bois qu'on peut enlever à volonté au moyen d'une poignée. Sur ce couvercle enfin, on place de grosses pierres de manière à faire un poids de vingt à vingt-cinq kilos.

Une fois la choucroute ainsi préparée, l'eau des choux remonte à la surface et submerge le couvercle. On laisse la préparation en repos pendant trois semaines ; et après cela on la visite. On commence par enlever l'eau qui est sur le couvercle au moyen d'un verre ou d'une tasse. Quand on ne peut plus la saisir par ce moyen, on se sert d'une éponge pour enlever le reste. Cette eau est très-puante et n'est bonne qu'à être jetée sur le fumier.

Lorsque le couvercle a été bien épongé, on ôte les pierres, puis le couvercle, les feuilles de choux ou le linge. La choucroute est faite. Le dessus qui s'est trouvé en contact avec l'eau de choux, n'est pas de bonne qualité. On en ôte donc de l'épaisseur du doigt, dont on ne fait aucun cas. Après cela on peut en prendre pour la consommation. Il suffit de bien laver cette choucroute à plusieurs eaux, de l'égoutter et de la faire cuire.

Enfin, on nivelle avec la main la choucroute de la futaille, on remet du linge blanc ou des feuilles de choux fraîches ; on replace le couvercle après l'avoir lavé, puis les pierres sur le couvercle après les avoir lavées également, et sur le tout on verse de l'eau de puits jusqu'à ce que le couvercle y baigne.

Au bout de trois semaines ou tous les mois, que l'on ait besoin ou non de prendre de la choucroute, ce travail de propreté est à recommencer.

La conserve préparée de la sorte dure une année, dix-huit mois et plus.

Il y aurait encore une petite industrie à recommander aux enfants de nos campagnes ; ce serait de récolter des plantes médicinales pour les vendre aux pharmaciens ou aux herboristes des villes voisines. Il leur serait facile de recueillir, par exemple, des fleurs de violette, de sureau, de tilleul, et aussi des feuilles de frêne et de diverses autres espèces utilisées en médecine.

XX. — Pourquoi les enfants n'auraient-ils pas leurs petits concours agricoles ?

Les petits garçons et les petites filles que l'on veut intéresser aux travaux de la campagne, ont besoin d'encouragements de toutes les sortes. Il est bon d'abord qu'ils tirent quelques petits profits de leurs récoltes, de leurs élèves et de leurs produits industriels ; il conviendrait aussi que chaque année ils fussent admis, soit au chef-lieu de la commune, soit au chef-lieu du canton, à faire les frais de petites expositions où ils apporteraient leurs légumes, leurs fleurs, leurs animaux, leurs sirops, leur fécule, etc. On devrait les récompenser de leurs efforts, de leurs succès et de leur bonne volonté au moyen de petits livres bien choisis, d'images bien coloriées, d'outils bien façonnés. On les exciterait de la sorte à redoubler d'attention et à ne rien négliger pour mériter de nouvelles récompenses.

Ces expositions auraient en outre le mérite d'intéresser les familles et de rendre les mères fières de leurs enfants.

Les Anglais, il y a quelques années, prirent l'initiative de ces expositions; pourquoi en France n'imiterions-nous pas ce qui s'est fait avec succès en Angleterre? Il en coûterait si peu et les résultats seraient si beaux!

FIN.

TABLE.

LIBRAIRIE AGRICOLE

DE LA

MAISON RUSTIQUE

RUE JACOB, 26, A PARIS

La Librairie Agricole envoie franco à toute personne qui en fait la demande son catalogue général et un numéro spécimen de chacun des journaux qu'elle publie. (Voir l'Avis important à la dernière page.)

DIVISION DU CATALOGUE

Série C. n° 6. — Avril 1877

MAISON RUSTIQUE DU XIXE SIÈCLE

CINQ VOLUMES GRAND IN-8° A DEUX COLONNES

ÉQUIVALANT A 25 VOLUMES IN-8° ORDINAIRES, AVEC 2,500 GRAVURES

REPRÉSENTANT

LES INSTRUMENTS, MACHINES, ANIMAUX, ARBRES, PLANTES, SERRES
BATIMENTS RURAUX, ETC.

PUBLIÉS SOUS LA DIRECTION DE

MM. BAILLY, BIXIO ET MALPEYRE

TABLE DES PRINCIPAUX CHAPITRES DE L'OUVRAGE

TOME Ier. — AGRICULTURE PROPREMENT DITE

Climat.	Labours.	Conservation des récoltes.	Plantes-racines.
Sol et sous-sol.	Ensemencements.		Plantes fourragères.
Amendements.	Arrosements.	Voies de communication.	Maladies des végétaux.
Engrais.	Irrigations.		
Défrichement.	Récoltes.	Céréales.	Animaux et insectes nuisibles.
Desséchement.	Clôtures.	Légumineuses.	

TOME II. — CULTURES INDUSTRIELLES, ANIMAUX DOMESTIQUES

Plantes oléagineuses.	Houblon.	Pharmacie vétérinaire.	Cheval, âne, mulet.
— textiles.	Mûrier.		Races bovines.
— économiques.	Arbres : olivier.	Maladies des animaux.	— ovines.
— potagères.	— noyer.		— porcines
— médicinales.	— de bordures.	Anatomie.	Basse-cour.
— aromatiques.	— de vergers.	Physiologie.	Lapin, pigeon.
— tinctoriales.	Animaux domestiques.	Élevage et engraissement.	Chiens.

TOME III. — ARTS AGRICOLES

Lait, beurre, fromage.	Laine.	Lin, chanvre.	Résines.
Incubation artificielle.	Vers à soie.	Fécule.	Meunerie.
	Abeilles.	Huiles.	Boulangerie.
Conservation des viandes.	Vins, eaux-de-vie.	Charbon, tourbe.	Sels.
	Cidres, vinaigres.	Potasse, soude.	Chaux, cendres.
	Sucre de betterave.		

TOME IV. — FORÊTS, ÉTANGS; ADMINISTRATION; CONSTRUCTION

Pépinières.	Empoissonnement.	Administration.	Constructions.
Arbres forestiers.	Législation rurale.	Choix d'un domaine.	Attelages.
Culture des forêts.	Droits de propriété.	Estimation.	Mobilier.
Exploitation.	Bail, Cheptel.	Acquisition.	Bétail, engrais.
Abatage.	Biens communaux.	Location.	Systèmes de culture.
Estimation.	Police rurale.	Améliorations.	Ventes et achats.
Pêche, Étangs.	Aménagement.	Capital.	Comptabilité.
	Plantation.	Personnel.	

TOME V. — HORTICULTURE

Terrain, engrais.	Semis, greffes.	Jardin fruitier.	Plans de jardins.
Outils, paillassons.	Pépinières.	— fleuriste.	Calendrier du Jardinier.
Couches, bâches.	Taille.	— potager.	
Terres.	Arbres à fruits.	Culture forcée.	— du forestier.
Orangerie.	Légumes.	Fleurs.	— du magnanier.

Prix des 5 volumes (ouvrage complet) . . . . 39 fr. 50
Chaque volume pris séparément. . . . . 9 fr. »

Il n'y a pas d'agriculteur éclairé, pas de propriétaire qui ne consulte assidûment la *Maison rustique du dix-neuvième siècle*; ce livre, qui est encore l'expression la plus complète de la science agricole pour notre époque, peut former à lui seul la bibliothèque du cultivateur. 2,500 gravures réparties dans le texte parlent aux yeux et donnent aux descriptions une grande clarté.

I. — AGRICULTURE GÉNÉRALE

Maison Rustique du XIXe siècle, Tome Ier (*Voir page 2*).

Agenda agricole, aide-mémoire publié à Genève par L. Archinard et H. de Westerweller 2.50

Almanach du Cultivateur, par les Rédacteurs de la *Maison rustique*. 192 pages in-32 et nomb. grav . . . . . ».50

Annales de l'Institut agronomique de Versailles.
1re Partie : Rapports sur l'administration, par Lecouteux ; sur l'alimentation du bétail, par Baudement ; sur les insectes nuisibles aux colzas, par Focillon ; etc., etc. In-4° de 272 p. et 3 planches. . . . . 5. »
2me Partie : Recherches sur l'alucite des céréales, par Doyère. In-4° de 146 pages et 3 planches. 3.50

Congrès de la société des agriculteurs de France, tenu à Châteauroux en 1874, compte rendu des travaux publié par M. Damourette. 1 vol. gr. in-8° de 412 pages avec grav. 4. »

Primes d'honneur, décernées dans les concours régionaux en 1868. Grand in-8° de 582 pages, 19 planches coloriées et nombreuses figures dans le texte. . . . . 20. »

Mémorial du propriétaire-améliorateur ; emploi et dosage des amendements calcaires. In-12 de 296 p. . . . 2.50

Avène (Baron d'). — **Le Propriétaire-Agriculteur,** guide raisonné de la culture intensive. In-18, 124 pages 1.25

Barral. — **Le Bon Fermier,** aide-mémoire du cultivateur, avec une *Revue agricole* de l'année écoulée, par de Céris, Gayot, Heuzé, Marié-Davy, etc. Fort vol. in-18 de 1567 p. et 100 gr. 7. »

Une nouvelle édition du *Bon Fermier* est publiée tous les ans, avec revue de l'année écoulée et addition des nouveautés.

Bodin (J.). — **Éléments d'agriculture,** 5me édition in-18 de 396 pages et 42 gravures . . . . 2. »

Borie (Victor). — **Les douze mois, Calendrier agricole.** In-8° à deux colonnes, de 380 pages et 80 grav. 3.50

— **Les Travaux des champs** (*Bibl. du Cultiv.*). In-18 de 188 pages et 121 grav. 1.25

— **Les Jeudis de M. Dulaurier** (*Bibl. des écoles primaires*). 2 vol. in-18 ensemble de 272 pages et 97 gravures. . . . 1.50

Breton. — **Manuel théorique et pratique du défrichement.** In-8° de 400 pages. . . . . 4. »

Damourette. — **Calendrier du métayer** (*Bibl. du Cultiv.*). In-18 de 180 pages. 1.25

Destremx de Saint-Cristol. — **Agriculture méridionale ;** le Gard et l'Ardèche. In-8° de 432 pages 3.50

—— **Essai d'économie rurale et d'agriculture pratique**, 1 vol. in-8° de 314 pages. 2.50

DOMBASLE (de). — **Calendrier du bon cultivateur.** 10ᵉ édit. In-12 de 872 pages et 5 planches. 4.75

—— **Abrégé du Calendrier**, ou manuel de l'agriculteur praticien. In-12 de 280 pages 1.50

—— **Extrait de l'Abrégé du Calendrier.** In-12 de 98 pages. » .60

—— **Traité d'agriculture.** 5 vol. in-8° . . . . 30. »

—— **Annales de Roville.** 9 vol. in-8° 61.50

FONTENAY (L. de). — **Voyage agricole en Russie**, 1 vol. in-18 de 570 pages. 3.50

GASPARIN (Comte de). — **Cours d'agriculture.** 6 vol. in-8°, de plus de 4000 pages et 235 grav. 39.50

Tome Iᵉʳ. Terrains agricoles, propriétés physiques des terres, valeur des terrains, amendements, engrais.

— II. Météorologie agricole, constructions rurales.

— III. Mécanique agricole, agriculture générale, cultures spéciales, céréales et plantes légumineuses.

— IV. Plantes-racines, plantes oléagineuses, tinctoriales, textiles, fourragères; vigne et arbres fruitiers.

— V. Assolements, systèmes de culture, organisation et administration de l'entreprise agricole.

— VI. Principes de l'agronomie; nutrition des plantes, habitation des plantes, avec appendices et considérations sur les machines.

Chaque volume se vend séparément au prix de 7.50

GAUCHERON. — **Nouveau cours d'agriculture pratique.** 2 vol. petit in-8° de 464 pages 2.50

—— **Cours d'économie agricole et de culture usuelle.** 2 vol. in-18 de 480 pages. 2.50

GIRARDIN. — **Mélanges d'agriculture.** 2 v. in-18, 1094 p. 5. »

GOUX (J.-B.). — **Légendes du chantier rural.** In-18, 192 p. 2. »

—— **La Ferme**, extrait des *Légendes.* In-18 de 100 pages. 1.25

GUILLON. — **Vade-mecum de l'agriculteur provençal.** 2ᵐᵉ édit. In-16 de 136 pages. . . . . 2. »

HAVRINCOURT (marquis d'). — **Notice sur le domaine d'Havrincourt.** 1 vol. in-8° de 200 pages, 31 grav. 2 plans coloriés. 15. »

HEUZÉ (Gustave). — **Assolements et systèmes de culture.** 1 vol. in-8° de 536 pages avec nombreuses gravures. 9. »

— L'Agriculture de l'Italie septentrionale, 1 vol. in-8°
de 414 pages et 22 gravures. . . . . 5. »

— Formules des fumures et des étendues en four-
rages (*Bibl. du Cult.*). In-18 de 72 pages. 1.25

JOIGNEAUX (P.). — Causeries sur l'agriculture et l'horti-
culture. 2me édit. 1 vol. in-18 de 403 pages et 27 grav. . . 3.50

— Les Chroniques de l'agriculture et de l'horticul-
ture (années 1867-1868-1869) publiées sous la direction de
P. Joigneaux. 3 vol. in-4° ensemble de 864 pages. . . . . 10. »

— Les Champs et les Prés (*Bibl. du Cult.*). In-18 de 154 p. . 1.25

— Petite école d'agriculture (*Bibl. des écoles primaires*).
Un vol. in-18 de 124 pages et 42 grav. cartonné toile. . . 1.25

— Petits entretiens sur la vie des champs, 1 vol. in-18
de 112 pages avec grav. cartonné. . . . . » .60

KERGORLAY (de). — Exploitation agricole de Canisy, broch.
grand in-8° de 24 pages et 52 grav. . . . . 1. »

LAURENÇON. — Traité d'agriculture élémentaire et pra-
tique (*Bibl. des écoles primaires*). 2 vol. in-12, ensemble de
248 pages et 44 grav. 1.50

LECOUTEUX. — Principes de la culture améliorante. 3me éd.
1 vol. in-18 de 368 pages. 3.50

— Labourage à vapeur et labours profonds, résultats
du concours international de Petit-Bourg en 1867. Un vol.
grand in-8° à deux colonnes de 96 pages et 14 grav. . . 3. »

LEFOUR. — Culture générale et instruments aratoires
(*Bibl. du Cult.*). In-18 de 174 pages et 135 grav. 1.25

LIEBIG. — Lettres sur l'agriculture moderne, traduites par
le docteur Théodore Swarts. 1 vol. in-18 de 244 pages. . 3.50

LULLIN DE CHATEAUVIEUX. — Voyages agronomiques en
France. 2 vol. in-8°, ensemble de 1,032 pages. . . . . . 12. »

MASURE. — Leçons élémentaires d'agriculture, à l'usage
des agriculteurs praticiens, et destinées à l'enseignement
agricole dans les écoles spéciales d'agriculture.

Première partie : les plantes de grande culture, leur orga-
nisation et leur alimentation. In-18 de 330 p. et 32 grav. . 3.50

Deuxième partie : Vie aérienne et vie souterraine des plan-
tes de grande culture, 1 vol. in-18 de 477 pages et 20 grav. 3.50

PATÉ (J.-B.). — Mes revers et mes succès en agriculture,
1 vol. in-8° de 126 pages. . . . . 2. »

PERNY DE M***. — A B C de l'agriculture pratique et chi-
mique. 4me édit. 1 vol. in-12 de 360 pages. 3.50

PICHAT et CASANOVA. — Examen de la question agricole en
Dombes. In-8° de 72 pages avec tableaux. 1.50

Ponce (J.). — Traité d'agriculture pratique et d'économie rurale. 1 vol. in-18 de 278 pages et 40 planches. 1.75

Richard (du Cantal). — Dictionnaire raisonné d'agriculture et d'économie du bétail, 2ᵉ éd. deux forts volumes in-8° ensemble de 1425 pages. . . . . 16. »

Riondet. — Agriculture de la France méridionale, ce qu'elle a été, ce qu'elle est, et pourrait être. In-18 de 384 p. 3.50

Schwerz. — Manuel de l'agriculteur commençant (*Bibl. du Cult.*), traduit par Villeroy. In-18 de 332 pages. 1.25

Teisserene de Bort (Edmond). — Petit questionnaire agricole à l'usage des écoles primaires des pays de pâturage (*Bibl. des écoles primaires*). 1 vol. in-18 de 192 pages et 16 grav. cartonné toile à l'anglaise. 1.25

II. — CULTURES SPÉCIALES

(Céréales, plantes fourragères, vigne, etc.)

Maison Rustique du XIXᵉ siècle, Tomes I et II (*Voir page 2*).

Carrière. — La Vigne. 1 vol. in-18 de 396 pages et 122 grav. . 3.50

Charrel. — Traité de la culture du mûrier. In-8°, 268 p. . 1.75

Chavannes (de). — Le Mûrier, manière de le cultiver avec succès dans le centre de la France. 1 vol. in-8° de 128 pages. . . 1.25

Chaverondier (F.). — La vigne et le vin, guide théorique et pratique du vigneron, 2ᵉ éd. in-18 de 360 p. et 38 gr. . . 3.50

Collignon d'Ancy. — Nouveau mode de culture et d'échalassement de la vigne. In-8° de 200 p. et 3 planches. 3. »

D*** (Gustave). — Le Hanneton, ses ravages, moyens de le détruire. Broch. in-8° de 16 pages. . . . . ».75

Déjernon. — La vigne en France et spécialement dans le Sud-Ouest, aperçus économiques, culture de la vigne, reproduction, cépages, engrais, plantation, taille et façons, 1 vol. in-8° de 500 pages. . . . . 5. »

Desforges. — Préservatif certain contre la gelée des vignes. Broch. in-8° de 16 pages et 8 grav. . . . . . ».50

Doyère. — Recherches sur l'alucite des céréales. In-4° de 146 pages et 3 planches. 3.50

Frilet. — Notice sur la pomme de terre et l'igname de la Chine. Broch. in-8° de 24 pages . . . . ».50

Gagnaire. — Culture extensive de la pomme de terre Early rose et de ses congénères, broch. in-12 de 48 pages. ».50

Grandeau et Schlœsing. — Le Tabac, sa culture (*Bibl. du Cult.*). In-18 de 114 pages avec tableaux. 1.25

GUÉRIN. — **Le Phylloxera et les Vignes de l'avenir**, 1 fort vol. in-8° de 348 pages. 4. »

—— **Instituts et pépinières viticoles**, broch. in-8° de 30 p. » 50

GUYOT (Jules). — **Culture de la vigne et vinification.** 2me éd, 1 vol. in-18 de 426 pages et 30 grav. 3.50

—— **Viticulture de la Charente-Inférieure.** 1 vol. in-4° de 60 pages 2.50

—— **Viticulture de l'est de la France.** 1 vol. in-4° de 204 pages et 46 grav. 3.50

—— **Viticulture du sud-ouest de la France.** 1 vol. in-4° de 248 pages et 89 gravures. 4.50

HEUZÉ (Gustave). — **Plantes alimentaires**, comprenant les plantes céréales (blé, seigle, orge, avoine, maïs, riz, millet, sarrasin et céréales des régions équatoriales), les plantes légumineuses (haricot, dolic, fève, lentille, gesse, pois), les plantes des régions intertropicales et les gros légumes (carotte, betterave, etc., etc.). Deux volumes in-8° ensemble de 1328 pag. et 244 grav.; avec un atlas grand in-8° jésus contenant 102 épis de céréales, gravés sur acier, grandeur naturelle. . 30.»

—— **Plantes industrielles.** 2 vol. in-8° ensemble de 888 pages avec 63 grav. sur bois et 20 planches coloriées.

  1re partie (épuisée) : plantes oléagineuses, tinctoriales, salifères, à balais, condimentaires, à cardes et d'ornement funéraire.

  2me partie : plantes textiles, narcotiques, à sucre et à alcool, aromatiques et médicinales. 510 pages, 41 grav. noires, 10 pl. coloriées. . . . . 9. »

—— **Plantes fourragères.** 3me édit. 1 vol. in-8° de 584 pages avec 42 gravures sur bois et 20 planches coloriées . . . . 10.»

—— **Plantes oléagineuses** (*Bibl. du Cult.*). 1 vol. in-18 de 180 pages et 30 grav. 1.25

—— **L'Agriculture de l'Italie septentrionale**, la région du maïs; les sociétés d'irrigation, la culture du riz, de la paille à chapeaux, la pellagre, le chanvre, les plantes à balais, les arbres fruitiers, 1 vol. in-8° de 414 pages et 22 grav. . 5. »

—— **Traitement des vignes malades**, rapport adressé au ministre de l'intérieur en 1853. In-8° de 72 pages . . . . 1. »

—— **Culture du pavot.** In-18 de 44 pages. . . . . » 75

HOOÏBRENK. — **Fécondation artificielle des céréales.** Br. in-8°, de 24 pages. » 50

HUARD DU PLESSIS. — **Le Noyer**, sa culture et fabrication des huiles de noix (*Bibl. du Cult.*). In-18 de 175 p. et 45 gr. 1.25

KAINDLER. — **Culture du coton en Algérie.** In-18 de 24 p. » 50

LALIMAN. — **Origine du phylloxera** (Documents pour servir à l'histoire de l'). In-8° de 72 pages . . . . 2. »

III. — ANIMAUX DOMESTIQUES

AYRAULT. — **L'Industrie mulassière en Poitou.** 1 vol. in-18 de 200 pages et 3 planches . . . . 3. »

BÉNION. — **Traité des maladies du cheval**, notions usuelles de pharmacie et de médecine vétérinaires ; description et traitement des maladies. 1 vol. in-18 de 340 pages et 25 grav. . . 3.50

—— **Les Races canines ;** origine, transformations, élevage, amélioration, croisement, éducation, races, maladies, taxes, etc. 1 vol. in-18 de 260 pages et 12 grav. 3.50

—— **La race bovine tarentaise** et son rôle dans l'Est-Central, le Sud-Est et le Sud. In-18 de 50 pages. 1.50

—— **L'élevage du mouton dans le centre de la France,** et particulièrement dans l'Indre-et-Loire. In-18 de 50 pages. . 1.25

BORIE (Victor). — **Les Animaux de la ferme**, espèce bovine. 1 très-beau volume, grand in-4°, imprimé avec luxe, renfermant 336 pages avec 65 gravures noires intercalées dans le texte et 46 aquarelles dessinées d'après nature par Ol. de Penne, représentant tous les types de la race bovine.
    Cartonné. . . . . 85. »
    Richement relié . . . . 100. »

CHARLIER. — **Principes de la ferrure périplantaire**, dite ferrure Charlier, appliquée au cheval et au bœuf de travail. In-8° de 16 pages et 14 grav. . . . . ».75

DAMPIERRE (de). — **Races bovines** (*Bibl. du Cult.*). 2me éd. In-18 de 192 pages et 28 grav. 1.25

FLAXLAND. — **La Race bovine en Alsace**, études sur l'élevage, l'entretien, l'amélioration. In-8° de 124 pages. . . . . . 2. »

GAYOT (Eug.). — **La France chevaline**, études hippologiques : le pur sang anglais et arabe ; la consanguinité ; reproduction des races pures ; la production des chevaux de trait ; le demi-sang ; races chevalines de la France ancienne et nouvelle. 4 vol. in-8° ensemble de 1600 pages. . . . . 26. »

—— **Le bétail gras et les concours d'animaux de boucherie.** In-8° de 204 pages. 3.50

—— **Mouches et vers,** in-18 de 248 pages et 33 grav. 3.50

—— **Guide du sportsman,** traité de l'entraînement et des courses de chevaux. 4me éd. 1 vol. in-18 de 376 p. et 12 gr. 3.50

—— **Achat du cheval,** ou choix raisonné des chevaux d'après leur conformation et leurs aptitudes (*Bibl. du Cult.*). In-18 de 180 pages et 25 grav. 1.25

—— **Poules et Œufs** (*Bibl. du Cult.*). In-18 de 216 p. et 40 gr. 1.25

—— **Lapins, Lièvres et Léporides** (*Bibl. du Cult.*). In-18 de 216 pages et 15 grav. 1.25

GEOFFROY SAINT-HILAIRE. — **Acclimatation et domestication des animaux utiles.** 4me éd. 1 beau vol. in-8° de 534 pages et 47 grav. . . . . 9. »

GOUX (J.-B.). — **La Race bovine garonnaise.** In-8°, 98 p. 1.50

Grandeau (L). — **Instruction pratique sur le calcul des rations alimentaires des animaux de la ferme,** suivie de tableaux indiquant la composition des fourrages et autres aliments du bétail, broch. in-8° de 52 p. et 8 tableaux.   2. »

Guyton. — **Exposé analytique de la ferrure de Miles.** In-8° de 16 pages et 1 planche.   1. »

Hays (Charles du). — **Le Merlerault,** ses herbages, ses éleveurs, ses chevaux. 1 vol. in-18 de 182 pages.   3. »

—— **Le Cheval percheron** (*Bibl. du Cult.*). In-18 de 176 pages.   1.25

Heuzé (Gustave). — **Le Porc,** historique, caractères, races ; élevage et engraissement ; abatage et utilisation, études économiques ; 2e éd. 1 vol. in-18 de 322 pages et 50 grav.   3.50

Huard du Plessis. — **La Chèvre** (*Bibl. du Cult.*). In-18 de 164 pages et 42 grav.   1.25

Jacque (Ch.). — **Le Poulailler,** monographie des poules indigènes et exotiques. 2me éd. texte et dessins par Jacque. In-18, 360 pages et 117 grav.   3.50

Kühn (Julius). — **Traité de l'alimentation des bêtes bovines,** traduit de l'allemand sur la cinquième édition par F. Roblin. Petit in-8° de 300 pages et 61 grav.   5. »

La Blanchère (de). — **Les Chiens de chasse,** races françaises et anglaises, chenils, élevage et dressage, maladies (traitement allopathique et homœopathique). 1 beau vol. gr. in-8° de 300 pag. et 53 grav. (Dessins par Ol. de Penne).   6. »
    Le même, avec 8 planches coloriées.   8. »

Lamoricière (Général de). — **L'Espèce chevaline en France.** 1 fort vol. in-4° de 312 pages et 3 cartes coloriées.   5. »

Lefour. — **Le Mouton.** 1 vol. in-18 de 392 pages et 76 grav.   3.50

—— **Animaux domestiques,** Zootechnie générale (*Bibl. du Cult.*). In-18 de 154 pages et 33 grav.   1.25

—— **Cheval, Ane et Mulet** (*Bibl. du Cult.*). In-18 de 180 pages et 136 grav.   1.25

Léouzon. — **Manuel de la porcherie** (*Bibl. du Cult.*). In-18 de 168 pages et 38 grav.   1.25

Magne. — **Choix des vaches laitières** (*Bibl. du Cult.*). In-18 de 144 pages et 39 grav.   1.25

Millet-Robinet (Mme). — **Basse-cour, Pigeons et Lapins** (*Bibl. du Cult.*). In-18 de 180 pages et 26 grav.   1.25

Morin (A.). — **L'Éleveur de poulains dans le Perche.** In-18 de 88 pages   1. »

Peillard (Ch.). — **Ferrure physiologique.** In-16 132 p. et 30 gr.   2. »

Pelletan. — **Pigeons, Dindons, Oies et Canards** (*Bibl. du Cult.*). 1 vol. in-18 de 180 pages et 20 grav.   1.25

Richard (du Cantal). — **Étude du cheval de service et de guerre** ; d'après les principes élémentaires des sciences naturelles appliqués à l'agriculture, 5e éd. In-18 de 590 pages.   5.50

ROCHE (Ed.).— **Manuel du charretier et du cocher**, simple avis à tous propriétaires et conducteurs d'animaux de trait. Broch. in-16 de 128 pages. . . . . »,50

SAIVE (de). — **L'Inoculation du bétail.** In-8° de 102 pages. . 2.50

SANSON (André). — **Notions usuelles de médecine vétérinaire** (*Bibl. du Cult.*). In-18 de 174 pages et 13 grav. . . 1.25

—— **Les Moutons** (*Bibl. du Cult.*). In-18 de 168 p. et 56 grav. 1.25

—— **Traité de Zootechnie,** ou **Économie du bétail.** 4 vol. in-18, ensemble de 1,700 pages et 193 grav. . . . . 14.»

1er vol. (2e éd.) : Zootechnie générale : organisation, fonctions physiologiques et hygiène des animaux domestiques agricoles. 444 p., 74 gr.	3e vol. : applications ou zootechnie spéciale : cheval, âne, mulet. 364 pages, 18 grav.
2e vol. : Zootechnie générale : méthodes zootechniques. 354 pages, 12 grav.	4e vol. : applications ou zootechnie spéciale : bœuf, mouton, chèvre, porc. 572 pages, 89 grav.

Chaque volume se vend séparément. 3.50

VIAL. — **Engraissement du bœuf** (*Bibl. du Cult.*). In-18 de 180 pages et 12 grav. 1.25

VILLEROY. — **Manuel de l'éleveur de chevaux ;** anatomie et physiologie du cheval ; races ; emplois du cheval, éducation, hygiène. 2 vol. in-8° ensemble de 776 pag. et 121 gr. 12.»

—— **Manuel de l'éleveur de bêtes à laine.** 1 vol. in-18 de 336 pages et 54 grav. 3.50

—— **Manuel de l'éleveur de bêtes à cornes** (*Bibl. du Cult.*). In-18 de 308 pages et 65 grav. 1.25

WARSAGE. — **Aperçu de zootechnie générale** ou notions sur l'éducation de nos animaux domestiques. in-18 de 78 p. 2.»

WOLF. — **Étude de l'alimentation rationnelle des animaux domestiques,** traduit de l'allemand par Ad. Damseaux. 1 vol. in-18 de 380 pages ou tableaux 3.50

ZUNDEL. — **Transport des animaux par chemins de fer,** améliorations à apporter. Petit in-8° de 56 pages. . . . 1.»

IV. — CHIMIE AGRICOLE ET ENGRAIS

PHYSIQUE — MÉTÉOROLOGIE

Maison Rustique du XIXe siècle., Tome Ier (*Voir page 2*).

BAUDRIMONT. — **Préparation et amélioration des fumiers,** et des engrais de ferme en général. Petit in-8° de 168 pages. 2.»

BORTIER. — **Coquilles animalisées,** leur emploi en agriculture. In-8° de 8 pages. . . . . 1.

—— **La tourbe en agriculture**, matière fertilisante. Broch. gr. in-8° de 16 pages et une gravure. . . . . 1. »

—— **Calcaire à nitrification**, matière fertilisante. Broch. gr. in-8° de 8 pages et une gravure. . . . . 1. »

—— **Le sel en agriculture**, absorption plus complète des engrais, etc. Br. gr. in-8° de 16 pages. . . . . 1. »

—— **Tangue ou sablon calcaire marin**, br. gr. in-8° de 16 pages et une carte. . . . . 1. »

DAUVERNÉ. — **Huit leçons d'agriculture et de chimie agricole.** 1 vol. in-18 de 200 pages. 1.25

DUDOUY. — **Comptabilité du sol**; enlèvement par les plantes et restitution par les engrais des substances organiques et minérales. 1 grand tableau colorié. 3.50

    Collé sur toile, verni, avec rouleaux. 6.50

GRANDEAU. — **Traité d'analyse des matières agricoles.** Sols, eaux, amendements, engrais, principes immédiats des végétaux, fourrages, boissons, fumier, excréments, laine, produits de la laiterie. 1 vol. petit in-8 de 516 pages ou tableaux. 9. »

—— **Stations agronomiques et laboratoires agricoles**, but, organisation, personnel, budget, et travaux (*Bibl. du Cult.*). In-18 de 136 pages, 12 grav. et 1 tableau. 1.25

—— **Les Engrais industriels et le contrôle des stations agronomiques.** Broch. in-8° de 82 pages avec tableaux. 1.50

HEUZÉ (Gustave). — **Les matières fertilisantes**, engrais minéraux, végétaux et animaux, solides et liquides, naturels et artificiels. 4e édition, 1 vol. in-8° de 708 pages et 41 gr. 9. »

—— **Formules des fumures et des étendues en fourrages** (*Bibl. du Cult.*). In-18 de 72 pages. 1.25

HOUZEAU. — **Détermination de la valeur des engrais**, instruction pour l'emploi de l'azotimètre servant à doser l'azote des engrais. Gr. in-8° de 24 pages, avec tableaux. . 1. »

JOULIE. — **Guide pour l'achat et l'emploi des engrais chimiques.** 1 vol. in-8° de 488 pages. . . . . 3. »

LEFOUR. — **Sol et Engrais** (*Bibl. du Cult.*). In-18 de 176 pages et 54 grav. 1.25

LÉVY (Dr). — **Amélioration du fumier de ferme** par l'association des engrais chimiques et la création de nitrières artificielles. In-18 de 152 pages. . . . . 2. »

MARIÉ-DAVY. — **Météorologie et physique agricoles.** 1 vol. in-18 de 400 pages et 53 grav. 3.50

MUSSA (Louis). — **Pratique des Engrais chimiques**, suivant le système Georges Ville (*Bibl. du Cult.*). In-18 de 144 pages. 1.25

Pagnoul (A.). — **Station agricole du Pas-de-Calais**, compte-rendu de ses travaux et description des principales méthodes d'analyses employées.

    Année 1873. Broch. in-8° de 78 pages avec carte et plans.   1.50

    — 1874. Broch. in-8° de 68 pages avec carte et plans.   1.50

    — 1875. Broch. in-8° de 100 pages avec carte et plans.   2. »

Petermann (A.) — **Les engrais chimiques et les matières fertilisantes**, à l'exposition universelle de Vienne en 1873. In-8° de 64 p. et 1 pl. 2.50

—— **La Composition moyenne des principales plantes cultivées**, tableau colorié. . . . .   3. »

—— **La Composition moyenne des matières fertilisantes du commerce**, broch. de 8 pages et 1 grand tableau colorié. . . . .   3. »

Petit (Th.). — **Les engrais chimiques dans le sud-ouest.** In-8° de 102 pages. . . . .   1. »

Pierre (Isidore). — **Chimie agricole**, ou l'agriculture considérée dans ses rapports principaux avec la chimie. 2 vol. in-18 ensemble de 752 pages ou tableaux et 22 grav. . . . .   7. »

Ronna (A.). — **Rothamsted**, trente années d'expériences agricoles de MM. Lawes et Gilbert. Broch. gr. in-8° de 228 pages avec 6 gr. et 91 tableaux. . . . .   6. »

Saco. — **Chimie du sol** (*Bibl. du Cult.*). In-18 de 148 pages. . .   1.25

—— **Chimie des végétaux** (*Bibl. du Cult.*). In-18 de 220 pages.   1.25

—— **Chimie des animaux** (*Bibl. du Cult.*). In-18 de 154 pages.   1.25

Stockhardt. — **Chimie usuelle**, appliquée à l'agriculture et aux arts, traduite par Brustlein. In-18 de 524 p. et 225 gr.   4.50

Ville (Georges). — **Recherches expérimentales sur la végétation**, mémoires et mélanges. 1 beau vol. grand in-8° de 400 pages, avec des gravures noires et 3 planches. . .   15. »

—— **La production végétale**, conférences agricoles de Vincennes en 1864. 1 beau vol. gr. in-8° de 460 pages. . . .   7.50

—— **Les Engrais chimiques**, entretiens agricoles donnés aux champs d'expériences de Vincennes. 2 vol. in-18 ensemble de 816 p. avec gravures et planches :

    1e volume : Entretiens de 1867. 4e édition. 412 pages avec préface nouvelle. 4 gravures et 2 planches 3.50

    2me vol. : Les engrais chimiques, le fumier et le bétail, nouveaux entretiens agricoles 1874-1875, in-18 de 420 pages et deux tableaux in-folio. 3.50

—— **L'École des engrais chimiques**, premières notions de l'emploi des agents de fertilité (*Bibl. des écoles primaires*). In-12 de 108 pages et 1 planche. . . . .   1. »

—— **Résultats obtenus en 1868** au moyen des engrais chimiques. Grand in-8° de 75 pages. . . . .   2. »

1.

V. — INDUSTRIES AGRICOLES

Abeilles et vers à soie ; pisciculture ; vins, boissons et arts agricoles divers.

Maison Rustique du XIXᵉ siècle, Tomes III et IV (*Voir page 2*).

Congrès viticole et séricicole de Lyon en 1872 ; comptes rendus des travaux. In-8º de 278 pages. . . . . . 5. »

ALBÉRIC (Frère). — **Les Abeilles et la Ruche à porte-rayons.** 1 vol. in-18 de 134 pages et 11 grav. 1.50

BOULLENOIS (de). — **Conseils aux nouveaux éducateurs de vers à soie**, 3ᵐᵉ édit. In-8º de 248 pages. 3.50

BOURDOUCHE. — **Théorie de la fécule agricole** et de ses dérivés, broch. in-16 de 64 pages. . . . . »).75

CHAVERONDIER (F.). — **La Vigne et le Vin**, guide théorique et pratique du vigneron, 2ᵉ éd. 1 vol. in-18 de 360 pages et 38 gravures. 3.50

DOYÈRE. — **L'Ensilage.** Petit in-8º de 48 pages . . . . . . » 75

GIRARD (Maurice). — **Les Insectes utiles, abeilles et vers à soie**, à l'exposition de 1867 ; in-8º de 89 pages. . . . 1.50

GIRET et VINAS. — **Chauffage des vins**, en vue de les conserver, les muter et les vieillir. 2ᵉ éd. 1 vol. in-18 de 143 p. et 3 grav. 1.25

GIVELET (Henri). — **L'Ailante et son bombyx** ; culture de l'ailante, éducation de son bombyx et valeur de la soie qu'on en tire. 1 vol. grand in-8º de 164 pages et 19 planches. . 5. »

GUYOT (Jules). — **Culture de la vigne et vinification.** 2ᵉ éd. 1 vol. in-18 de 426 pages et 30 grav 3.50

HUARD DU PLESSIS. — **Le Noyer, sa culture et fabrication des huiles de noix** (*Bibl. du Cultiv.*). In-18 de 175 pages, et 45 gravures. 1.25

MARTIN (de). — **Les Fouloirs, Pompes, Pressoirs**, au concours vinicole de Narbonne. 1 vol. in-8º de 68 pages avec tableaux. 2. »

—— **Rapports sur l'œnotherme de M. Terrel et sur les chaudières à échauder la vigne.** Br. in-8º de 24 pages avec deux planches 1.50

—— **Fabrication des vins**, broch. in-8º de 36 pages . . . 1.50

—— **L'eau et les matières colorantes ajoutées à la vendange**, broch. in-8º de 42 pages . . . . 2. »

—— **Tribut à la viticulture et à l'œnologie méridionales** ; outillage, action du plâtre sur la vendange et sur le vin, les pressoirs Mabille, broch. in-8º de 60 p. . . 1.50

Masquard (de). — **Les Maladies des vers à soie.** In-8º de 64 pages. 1.75

— **Congrès séricicole de Montpellier,** br. in-8º de 24 p. . » 50

Moitrier. — **Culture de l'osier et art du vannier,** 2ᵉ éd. In-8º, 60 pages et 3 pl. 2.50

Mona (A.). — **L'Abeille italienne,** art d'italianiser les ruches communes. In-18 de 45 pages . . . . » 75

Mouls (L'abbé). — **Les Huîtres,** broch. in-18 de 100 pages. . . . 1.25

P** de M. — **Vers à soie,** régénération, cause de l'épidémie, moyen de la combattre. 3ᵐᵉ éd. In-8º de 31 pages. . . . . 2. »

Pelletan. — **Manuel pratique du microscope appliqué à la sériciculture** (procédés Pasteur). 1 vol. in-18 de 132 p. et 11 grav. . . . . 2. »

Perret (Michel). — **Trois Questions sur le vin rouge.** In-8º de 10 pages et 4 grav. . . . . » 50

Personnat. — **Le Ver à soie du chêne** (bombyx Yama-maï), son histoire, sa description, ses mœurs, ses produits. 4ᵐᵉ éd. In-8º de 132 pages, 2 grav. noires, et 3 planches coloriées. 3. »

Ribeaucourt (de). — **Manuel d'apiculture rationnelle,** 2ᵉ édit. 1 vol. in-16 de 88 pages et 14 grav. . . . . 1. »

Roux (J.-F.). — **Les Vers à soie.** 1 vol. in-12 de 245 pages. . . . 1.25

Vergnette-Lamotte. — **Le Vin.** 2ᵉ éd. 1 vol. in-18 de 402 pages, 31 grav. noires et 3 planches coloriées 3.50

Villeroy. — **Laiterie, Beurre et Fromages.** 1 vol. in-18 de 392 pages et 59 grav. 3.50

VI. — ÉCONOMIE RURALE ET DOMESTIQUE
ENSEIGNEMENT ET COMPTABILITÉ

Maison Rustique du XIXᵉ siècle, Tome IV (*Voir page* 2).

Enquête sur l'agriculture française, par une réunion de députés. 1 vol. in-8º de 246 pages. 2.50

Étude sur le foyer rustique, traité élémentaire d'économie domestique suivi d'un appendice sur la culture des haricots à tige, par un vieux laboureur, 1 vol. in-18 de 196 p. 1.50

Audot (L.-E.). — **La Cuisinière de la campagne et de la ville.** 1 vol. in-12 de 676 pages avec 300 grav. . . . . 3. »

BÉHAGUE (de). — **Considérations sur la vie rurale**, un grand-père à ses petits-enfants. In-12 de 220 pages . . . .   2. »

BONNIER. — **De l'assistance publique.** 1 vol. gr. in-8° de 224 p.   3. »

BORIE (Victor). — **Etude sur le crédit agricole et le crédit foncier** en France et à l'étranger, 1 v. in-8° de 304 p.   5. »

—— **La Question du pot-au-feu,** organisation du commerce des viandes. In-8° de 48 pages. . . . .   1. »

—— **L'Agriculture et la Liberté.** 1 vol. in-8° de 180 pages. . .   4. »

BRETON (F.). — **L'Assistance publique et la bienfaisance au XIX**e **siècle.** 1 vol. in-8° de 176 pages 2.50

CARPENTIER. — **Entretien sur l'enseignement agricole en France.** Broch. in-8° de 16 pages. . . . .   » 50

CLARÉ (Ern.). — **La Clef de la ferme,** étude sur la comptabilité agricole. In-8° de 38 pages. . . . .   1. »

DELAGARDE. — **Le Pain moins cher et plus nourrissant.** 1 vol. in-18 de 262 pages . . . .   3. »

DELAMARRE. — **La Vie à bon marché.** 2e éd. 1 vol. in-12 de 708 p.   3.50

DESBOIS. — **Le petit barême agricole** pour l'évaluation des récoltes. Broch. in-12 de 22 pages ou tableaux. . . . .   ».75

DREUILLE (de). — **Du métayage et des moyens de le remplacer.** 1 vol. in-18 de 104 pages . . . .   1. »

DUBOST et PACOUT. — **Comptabilité de la ferme** (*Bibl. du Cultiv.*). 1 vol. in-18 de 124 pages ou tableaux. 1.25

Registres pour la comptabilité de la ferme, cinq vol. in-folio pot avec instructions pratiques. . . . .   10. »

Livre d'inventaire. — Livre de magasin de la ferme. — Livre de magasin à l'usage de la fermière. — Livre de caisse de la ferme. — Livre de caisse de la fermière.

Chaque registre se vend séparément. . . . .   2. »

DUBOST. — **Les entreprises de culture et la comptabilité.** 1 vol. in-18 de 260 pages. . . . .   3. »

EMION (Victor). — **La Taxe du pain,** avec préface par Victor Borie. In-8° de 168 pages . . . .   4. »

F.*** P.***. — **Des Réunions territoriales,** étude sur le morcellement en Lorraine. In-8° de 48 pages. . . . .   » 75

GASPARIN (de). — **Fermage,** guide des propriétaires des biens affermés (estimation, baux, etc.) (*Bibl. du Cultiv.*) In-18 de 216 p.   1.25

—— **Métayage,** contrat, effets, améliorations, culture des métairies (*Bibl. du Cultiv.*). In-18 de 164 pages 1.25

GERMAIN. — La question de l'enseignement élémentaire des sciences naturelles de l'hygiène et de l'agriculture dans les écoles primaires, broch. in-8° de 216 pages. . . . . 3.

GRANGES DE RANCY (de). — Traité de comptabilité agricole. In-8° de 312 pages . . . . 5.

—— Petit traité de comptabilité agricole en partie simple, 2e éd. 1 vol. in-8° de 124 pages . . . . 3.

HEUZÉ (Gustave). — Influence des croisades sur l'agriculture au moyen-âge. Br. in-8° de 23 pages . . . . . . ».

—— Inauguration du monument élevé en l'honneur de Tessier. Broch. in-8° de 70 pages et 2 gravures. . . 1.

JUILLET. — Émancipation de l'industrie chevaline. In-8° de 46 pages. . . . . 1.

LAVELEYE. — Essai sur l'économie rurale de la Belgique. 1 vol. in-18 de 304 pages . . . . 3.

LAVERGNE (de). — Économie rurale de la France depuis 1789. 1 vol. in-18 de 490 pages . . . . 3.

—— Essai sur l'économie rurale de l'Angleterre, de l'Écosse et de l'Irlande. 1 vol. in-18 de 480 pages. . . . 3.

—— L'Agriculture et la Population. 1 vol. in-18 de 472 pages. 3.

—— L'Agriculture et l'Enquête. Grand in-8° de 48 pages. . 1.

LECLERC. — La Caisse d'épargne et de prévoyance, lettres à un jeune laboureur. In-18 de 60 pages . . . . ».

LECOUTEUX. — Principes de la culture améliorante. 3e éd. 1 vol. in-18 de 368 pages . . . . 3.

—— La Question du blé et le gouvernement. In-8° de 32 p. 1.

—— La République et les Campagnes. In-8° de 70 pages. . 1.

LEFOUR. — Comptabilité et géométrie agricoles (Bibl. du Cultiv.). In-18 de 214 pages et 104 grav . . . . 1.

LÉOUZON. — Reforme de l'enseignement agricole. In-8° de 27 pages. . . . . 1.

LURIEU (de) ET ROMAND. — Études sur les colonies agricoles de mendiants, jeunes détenus, orphelins et enfants trouvés (Hollande, Suisse, Belgique et France). 1 vol. in-8° de 462 pages. 7.

MÉHEUST. — Économie rurale de la Bretagne. In-18 de 220 p. 2

1...

MÉRESSE. — **Les Marais salants de l'Ouest**, leur passé, leur présent et leur avenir. 1 vol. in-12 de 192 pages et 1 carte . 3. »

MILLET-ROBINET (Mme). — **Maison rustique des dames**, 10ᵉ éd. revue et augmentée. 2 vol. in-18 ensemble de 1400 pages et 235 grav. broché 7.75

Tenue du ménage.

Devoirs et travaux de la maîtresse de maison.
Des domestiques. — De l'ordre à établir.
Comptabilité. — Recettes et dépenses.
La maison et son mobilier.
Chauffage. — Éclairage.
Cave et vins. — Boulangerie et pain.
Provisions du ménage. — Conserves.

Manuel de cuisine.

Manière d'ordonner un repas.
Potages. — Jus, sauces, garnitures.
Viandes. — Gibier. — Poisson.
Légumes. — Purées. — Pâtes.

Entremets. — Pâtisserie. — Bonbons.

Médecine domestique.

Pharmacie. — Médicaments.
Hygiène et maladies des enfants.
Médecine et chirurgie.
Empoisonnements. — Asphyxie.

Jardin. — Ferme.

Disposition générale du jardin.
Jardin fruitier, potager, fleuriste.
Calendrier horticole.
La ferme et son mobilier.
Nourriture. — Éclairage.
Basse-cour. — Abeilles et vers à soie.
Vacherie. — Laiterie et fromagerie.
Bergerie. — Porcherie.

Relié, 10 fr. 75. — Relié, tranches dorées, 12 fr. 75.

—— **Maison rustique des enfants.** in-4° imprimé avec luxe, de 320 pages, 120 grav. dans le texte, dessins de Bayard, O. de Penne, Lambert, etc. et 20 planches hors texte. . . . 8. »

Richement relié . . . . 13. »

—— **Conseils aux jeunes femmes** sur leur condition et leurs devoirs de mère. 1 vol. in-18 de 284 pages et 30 grav. . . 3.50

—— **Économie domestique** (*Bibl. du Cultiv.*). In-18 de 228 pages et 77 grav 1.25

PERRET. — **L'Agriculture et l'Enseignement primaire.** In-8° de 28 pages. . . . . » 60

PERRIN DE GRANDPRÉ. — **Crédit agricole et Caisses d'épargne.** In-8° de 48 pages . . . . 1. »

POUPON. — **L'Art de ramener la vie à bon marché**, et de créer des richesses incalculables. 1 vol. in-8° de 254 pages . . . . 5. »

QUIVOGNE. — **Suppression de l'administration des haras.** In-8° de 64 pages. . . . . 1. »

RONDEAU. — **Projet de crédit agricole.** 1 vol. in-8° de 236 pages. 2. »

ROYER. — **Statistique agricole de la France.** 1 vol. in-8° de 472 pages . . . . 5. »

—— **L'Agriculture allemande,** ses écoles, son organisation, ses mœurs et ses pratiques. 1 vol. in-8° de 542 pages. 7.50

SAINT-AIGNAN (de). — **La Crise agricole,** prise de loin et vue de haut. In-8° de 32 pages. . . . . 1. »

SAINT-MARTIN. — **Le Crédit agricole,** In-8° de 40 pages . . . . 2. »

—— **De la mendicité et des dépôts de mendicité.** In-8° de 93 pages. . . . . 3. »

—— **L'institution des Caisses d'épargne,** son développement dans les communes rurales. In-8° de 19 pages. . . . . . 1. »

SAINTOIN-LEROY.—**Cours complet de comptabilité agricole.**

1° *Manuel de comptabilité agricole pratique*, en partie simple et en partie double, troisième édition, avec modèle des écritures d'une exploitation rurale pour une année entière. 1 vol. gr. in-8° et tableaux de 192 p. 3. »

2° *Comptabilité-matières de l'agriculteur*, Complément du *Manuel de comptabilité agricole pratique*, suivie du *Livre du travail*, et d'une *Méthode abrégée de tenue des livres agricoles en partie simple*. 1 vol. gr. in-8° de 144 pages, avec nombreux tableaux . . . . 4. »

3° *Comptabilité simplifiée, agricole et commerciale*, mise à la portée de la moyenne et de la petite culture, suivie de la *Comptabilité spéciale des marchands et des artisans*, à l'usage des écoles primaires de garçons et de filles. 1 vol. gr. in-8° et tableaux, de 96 pages . . . . 2. »

4° *Pratique de la tenue des livres en agriculture*, l'économie rurale et la comptabilité, 1 vol. grand in-8° de 156 pages et tableaux.. . . . . 3. »

Registres pour la grande et la moyenne culture.

Registre-Mémorial de l'agriculteur (comptabilité-matières), réunion de tous les tableaux nécessaires à la constatation de tous les faits d'une exploitation rurale. 1 vol. gr. in 4° oblong. . . . . 3. »

Livre de caisse (comptabilité-espèces), registre en tableaux. Gr. in-4° obl. 2.50

Journal, registre en blanc réglé et folioté. 1 vol. gr. in-4° oblong . . . 2.50

Grand-Livre, registre en blanc réglé et folioté. 1 vol. gr. in-4° oblong. 3. »

Cahier simplement quadrillé. 1 vol. petit in-4° oblong. 1.25

Comptabilité de la petite culture à l'aide d'un seul livre dit Mémorial-caisse, à l'usage de l'enseignement élémentaire de la comptabilité agricole dans les écoles primaires. In-4° oblong 1.25

Registres pour la comptabilité simplifiée.

Registre unique du cultivateur pour l'application de la comptabilité simplifiée. 1 vol. petit in-4° oblong, de 100 pages. . . . . 2. »

Le même, moins fort, pour les écoles . . . . » 60

Livre de caisse des marchands. 1 vol. petit in-4° oblong . . . . . . 2. »

Livre de caisse des artisans. 1 vol. petit in-4° oblong . . . . 2. »

Chaque volume ou registre se vend séparément.

VILLE (Georges). — **L'Agriculture par la science et le crédit.** Gr. in-8° de 44 pages. . . . . 1. »

VIOX (Camille). — **De la Réunion territoriale.** In-8° de 52 p. » 50

VII. — GÉNIE RURAL
MACHINES ET CONSTRUCTIONS AGRICOLES

Maison Rustique du XIXe siècle, Tome Ier et IV (*Voir page* 2).

BARRAL. — **Drainage des terres arables.** 3e éd. 2 vol. in-18 ensemble de 960 pages, 443 grav. et 9 planches . . . . . 7. »

—— **Irrigations, engrais liquides et améliorations foncières permanentes.** 1 vol. in-18 de 782 pages avec 138 grav. et 4 planches 7.50

—— **Législation du drainage, des irrigations et autres améliorations foncières permanentes.** 1 vol. in-18 de 664 pages, avec 18 grav. et 1 planche 7.50
Prix de l'ouvrage complet (les 4 volumes) . . . . . . 20. »

BERTIN. — **Des Chemins vicinaux.** In-8° de 111 pages . . . . 1. »

—— **Code des irrigations.** 1 vol. in-8° de 182 pages . . . . 3. »

CASANOVA. — **Manuel de la charrue.** In-18 de 176 p. et 83 gr. 1.75

CHARPENTIER DE COSSIGNY. — **Les irrigations,** notions élémentaires théoriques et pratiques ; application aux terres en culture, jardins et prairies, 1 vol. gr. in-8° de 638 pages et 168 gravures. . . . . 5. »

DAMEY. — **Le Conducteur de machines à battre, à** manége ou à vapeur. 1 vol. in-18 de 108 pages et 4 grav 1.50

DUPLESSIS. — **Traité de nivellement,** comprenant les principes généraux, la description et l'usage des instruments, les opérations et les applications. 1 vol. gr. in-8° de 364 p. et 112 fig. 8. »

—— **Traité du levé des plans et de l'arpentage.** 1 vol. gr. in-8° de 134 pages et 105 figures. . . . . 4. »

GOUSSARD DE MAYOLLES. — **Moissonneuses, faucheuses et râteaux à cheval en 1873,** au concours international de Brizay, 1 vol. gr. in-8° de 216 pages avec gravures. . . 4. »

—— **Moissonneuses et faucheuses-moissonneuses à Mettray en 1874,** 1 vol. grand in-8° de 152 pages avec gravures et tableaux . . . . 4. »

GRANDVOINNET. — **Constructions rurales : les Bergeries ;** dispositions diverses, constructions, matériel meublant. 1 vol. in-18 de 314 pages et 169 grav. . . . . 5. »

LAMBOT-MIRAVAL. — **Observations sur les moyens de reverdir les montagnes et de prévenir les inondations.** In-8° de 66 pages et 1 planche. . . . . 2. »

LECLERC. — **Matériel et procédés des exploitations rurales et forestières** (*Exposition universelle de* 1867). 1 vol. gr. in-8° de 432 pages, 59 figures intercalées dans le texte et 7 planches . . . . 4. »

LECOUTEUX. — **Labourage à vapeur et labours profonds**, résultats du concours international de Petit-Bourg en 1867. 1 vol. grand in-8° à deux colonnes de 96 pages et 14 grav. . 3. »

LEFOUR. — **Culture générale et instruments aratoires** (*Bibl. du Cultiv.*). In-18 de 174 pages et 135 grav 1.25

MIDY. — **Le Drainage et l'Irrigation.** In-8° de 22 pages. . . » 50

MULLER ET VILLEROY. — **Manuel des irrigations.** 1 vol. in-18 de 263 pages et 123 grav 3.50

PLANET (de). — **La Vérité sur les machines à battre.** 1 vol. in-18 de 256 pages . . . . 2. »

TRANIÉ. — **De l'arrosage pratique**, canal d'irrigation de Lestelle, broch. gr. in-8° de 36 pages et 3 planches. . . . . 3. »

VIDALIN (F.). — **Pratique des irrigations** en France et en Algérie (*Bibl. du Cult.*). In-18 de 180 pages et 22 grav. . . . 1.25

VIGNOTTI. — **Irrigations du Piémont et de la Lombardie.** 1 vol. in-18 de 94 pages . . . . » 75

VIII. — BOTANIQUE — HORTICULTURE

Maison Rustique du XIXe siècle, Tome V (*Voir page* 2).

Almanach du Jardinier, par les rédacteurs de la Maison rustique. 192 pages in-32 et nombreuses grav . . . . . » 50

Le Bon Jardinier (122e *édition*), almanach horticole pour 1877, par Poiteau, Vilmorin, Bailly, Decaisne, Naudin, etc.,

Principes généraux de culture. — Calendrier du jardinier ou indication, mois par mois, des travaux à faire dans les jardins. — Description, histoire et culture des plantes potagères, fourragères, économiques. — Céréales. — Arbres fruitiers. — Oignons et plantes à fleurs. — Arbres, arbrisseaux et arbustes utiles et d'agrément. — Vocabulaire des termes de jardinage et de botanique. — Jardin des plantes médicinales. — Tableau des végétaux groupés d'après la place qu'ils doivent occuper dans les parterres, bosquets, etc.

(La 1re édition du *Bon Jardinier* est antérieure à 1755 : une édition nouvelle a été publiée régulièrement chaque année depuis 1755, à deux exceptions près : 1815 et 1871.

Cet ouvrage a été couronné par la Société centrale d'horticulture.

Un vol. in-18 de plus de 1600 pages. . . . . 7. »

Gravures du Bon Jardinier. 23e édition, contenant :

Principes de la botanique. — Marcottes, boutures, greffe et taille des arbres. — Appareils de la culture forcée. — Construction et chauffage des serres. — Outils et appareils de jardinage. — Composition et ornementation des jardins.

Un volume in-18 de plus de 600 pages avec plus de 700 planches ou gravures. . . . . 7. »

ANDRÉ (Ed.). — **Plantes de terre de bruyère**, description, histoire et culture des Rhododendrons, Azalées, Camellias, Bruyères, Épacris, etc. 1 vol. in-18 de 388 pages et 31 grav.   3.50

—— **Eucalyptus globulus**, broch. gr. in-8° de 16 pages et 2 grav.   1. »

AUDOT. — **Traité de la composition et de l'ornementation des jardins.** 6ᵉ éd. représentant en plus de 600 fig. des plans de jardins, modèles de décoration, machines pour élever les eaux, etc. 2 vol. in-4° oblong avec 168 planches gravées.   25. »

BENGY-PUYVALLÉE. — **Culture du pêcher.** 1 vol. in-18 de 230 pages et 3 planches 3.50

BONCENNE.—**Cours élémentaire d'horticulture** (*Bibl. des écoles primaires*). 2 vol. in-12 ensemble de 310 pages et 85 grav . .   1.50

BOSSIN. — **Les Plantes bulbeuses**, espèces, races et variétés avec l'indication des procédés de culture (*Bibl. du Jard.*). 2 vol. in-18 ensemble de 324 pages. 2.50

CARRIÈRE. — **Guide pratique du jardinier multiplicateur,** ou art de propager les végétaux par semis, boutures, greffes, etc. 2ᵉ éd. 1 vol. in-18 de 410 pages et 85 grav. 3.50

—— **Encyclopédie horticole.** 1 vol. in-18 de 550 pages . . .   3.50

—— **Entretiens familiers sur l'horticulture.** 1 vol. in-18 de 384 pages. 3.50

—— **Production et fixation des variétés dans les végétaux.** 1 vol. in-8° de 72 pages avec 13 grav. et 2 pl. col. .   2. »

—— **Les Arbres et la Civilisation.** In-8° de 416 pages. . .   5. »

—— **Variétés de pêchers et de brugnonniers**, description et classification. Grand in-8° de 104 pages et 1 planche. . .   2. »

—— **Nomenclature des pêches et brugnons.** Petit in-8°, 68 pages . . . .   1. »

—— **Origine des plantes domestiques**, démontrée par la culture du radis sauvage. In-8° de 24 pages et 11 grav. . . .   1. »

—— **Les Pépinières** (*Bibl. du Jard.*). In-18 de 134 p. et 29 grav.   1.25

CHABAUD. — **Végétaux exotiques cultivés en plein air dans la région des orangers.** Gr. in-8° de 48 pages. .   1. »

CORDIER (S.-F.). — **Les Champignons**, histoire, description, culture, usages des espèces comestibles, suspectes, vénéneuses, un magnifique volume grand in-8° jésus, orné de vignettes sur bois et de 60 chromolithographies représentant les espèces les plus remarquables. . . . .   30. »

COURTOIS. — **Conférence sur l'arboriculture fruitière des jardins.** In-8° de 64 pages et 14 gr. . . . .   2. »

DANZANVILLIERS. — **Les Gesnériacées**, culture et multiplication. In-18 de 84 pages. . . . .   1. »

DECAISNE ET NAUDIN. — **Manuel de l'amateur des jardins,** traité général d'horticulture. 4 vol. petit in-8° ensemble de plus de 3000 pages, comprenant plus de 800 fig. . . . . 30. »

    Chaque volume se vend séparément 7.50

DELCHEVALERIE. — **Les Orchidées,** culture, propagation, nomenclature (*Bibl. du Jard.*). In-18 de 134 pages et 32 grav. . 1.25

— **Plantes de serre chaude et tempérée,** Construction des serres, culture, multiplication, etc. (*Bibl. du Jard.*). In-18 de 156 pages et 9 grav. 1.25

DUMAS (A.). — **Calendrier horticole** pour le midi et le centre de la France. 2ᵉ éd. In-18 de 82 pages 1.25

DUPUIS. — **Arbrisseaux et Arbustes d'ornement de pleine terre** (*Bibl. du Jard.*). In-18 de 122 pages et 25 grav. . . 1.25

— **Arbres d'ornement de pleine terre** (*Bibl. du Jard.*). In-18 de 162 pages et 40 grav 1.25

— **Conifères de pleine terre** (*Bibl. du Jard.*). In-18 de 156 pages et 47 grav. 1.25

DUVILLERS. — **Parcs et Jardins.** 1 vol. grand in-folio de 80 pages et 40 planches en noir . . . . 100. »

    Avec planches coloriées. . . . . 130. »

ÉCORCHARD (Dʳ). — **Nouvelle théorie élémentaire de la botanique,** suivie d'une analyse des familles des plantes qui croissent en France ou qui y sont généralement cultivées et d'un dictionnaire des termes de botanique. 1 vol. in-18 de 520 pages et 210 gr. . . . . 6. »

ERNOUF (Baron). — **L'Art des Jardins,** historique, théorie et pratique de la composition des jardins, parcs, squares. 2 vol. in-18 ensemble de 464 pages et 150 gr. cartonnés. . . . 5. »

GAUDRY. — **Cours pratique d'arboriculture.** 1 vol. in-12 de 304 pages et 16 planches. 2.25

GOURDON (J.) et Ch FOURCADE. — **Principes de botanique** avec un atlas naturel de 16 planches. 1 vol. in-folio avec une élégante reliure anglaise et atlas monté sur onglet. 15. »

HARDY. — **Taille et greffe des arbres fruitiers.** 7ᵉ éd. 1 vol. in-8° de 436 pages et 140 grav. 5.50

HÉRINCQ, JACQUES ET DUCHARTRE. — **Manuel général des plantes, arbres et arbustes,** classés selon la méthode de Candolle; description et culture de 25000 plantes indigènes d'Europe ou cultivées dans les serres. 4 vol. grand in-18 jésus à 2 colonnes, ensemble de 3200 pages. . . . . . . 36. »

    Chaque volume se vend séparément . . . . 9. »

JAMAIN (H.) ET E. FORNEY. — **Les Roses**, histoire, culture, description. 1 beau volume grand in-8° jésus de 275 pages, avec 60 planches coloriées et 60 gravures sur bois. . . . . . . 30. »

JOIGNEAUX. — **Le Jardin potager.** 1 vol. in-18 de 442 pages, illustré de 92 dessins en couleur intercalés dans le texte . . 6. »

—— **Causeries sur l'agriculture et l'horticulture.** 2e éd. 1 vol. in-18 de 403 pages et 27 grav. 3.50

—— **Conférences sur le jardinage et la culture des arbres fruitiers** (*Bibl. du Jard.*). In-18 de 144 pages . . . 1.25

JOURNIAC. — **Conseils pratiques sur l'arboriculture fruitière.** In-18 de 216 pages et 30 grav. . . . . 3. »

LACHAUME. — **Les Poiriers, Pommiers et autres arbres fruitiers**, méthode élémentaire pour les tailler et les conduire. 1 vol. in-18 de 284 pages et 46 grav. 2.50

—— **Les Pêchers en espaliers**, méthode élémentaire pour les tailler et les conduire. 1 vol. in-18 de 212 pages et 40 grav. 2. »

—— **Le Rosier**, culture et multiplication (*Bibl. du Jard.*). In-18 de 180 p. et 54 grav. 1.25

—— **Le Champignon de couche**, sa culture bourgeoise et commerciale, récolte et conservation (*Bibl. du Jard.*). In-18 de 108 pages et 8 grav. 1.25

LEBOIS. — **Culture du chrysanthème.** In-18 de 36 pages. . . » 75

LECOQ. — **Botanique populaire.** 1 vol. in-18 de 408 pages et 215 gr. 3.50

—— **Fécondation naturelle et artificielle des végétaux.** 1 vol. in-8° de 428 pages avec 106 grav. et 2 planches. . . 7.50

LEMAIRE. — **Les Cactées**, histoire, patrie, organes de végétation, culture, etc. (*Bibl. du Jard.*). In-18 de 140 pages et 11 grav. 1.25

—— **Plantes grasses autres que Cactées** (*Bibl. du Jard.*). In-18 de 136 pages et 13 grav. 1.25

LE MAOUT ET DECAISNE. — **Flore élémentaire des jardins et des champs**, avec les clefs analytiques conduisant promptement à la détermination des familles et des genres et un vocabulaire des termes techniques. 2 vol. gr. in-18 de 940 pages 9. »

LOISEL. — **Asperge**, culture naturelle et artificielle (*Bibl. du Jard.*). In-18 de 108 pages et 8 grav. 1.25

—— **Melon**, nouvelle méthode de le cultiver sous cloches, sur buttes et sur couches (*Bibl. du Jard.*). In-18 de 108 pages et 7 grav. 1.25

MARX-LEPELLETIER. — **Roses, Pensées, Violettes, Primevères, Auricules, Balsamines, Pétunias, Pivoines, Verveines**, espèces, variétés, culture (*Bibl. du Jard.*). In-18 de 116 pages 1.25

IX. — SYLVICULTURE

Maison Rustique du XIXᵉ siècle, Tome IV (*Voir page 2*).

Bortier (P.). — **Boisement du littoral et des dunes de la Flandre.** Broch. gr. in-8° de 24 pages et 3 planches. . . 2. »

Burger. — **Du déboisement des campagnes,** dans ses rapports avec la disparition des oiseaux utiles à l'agriculture. Broch. in-8° de 64 pages. . . . . 1. »

—— **Assèchement du sol par les essences forestières.** Broch. in-8°. 1.50

Courval (vicomte de). — **Taille et conduite des arbres forestiers.** Grand in-8° de 110 pages et 15 planches. . . 3. »

Des Cars (Comte A.). — **Élagage des arbres,** art de diriger et conserver les arbres forestiers et d'alignement. In-18 de 148 pages et 72 gravures; cartonné. . . . . 1. »

Dupuis. — **Conifères de pleine terre** (*Bibl. du Jard.*). In-18 de 156 pages et 40 grav. 1.25

Gurnaud. — **Traité forestier pratique,** manuel du propriétaire de bois. 1 vol. in-18 de 192 pages avec les tables de cubage. 2. »

—— **Conserver les forêts de l'État et réaliser le matériel surabondant,** études forestières. In-8° de 64 pages. 2. »

—— **Les Bois de l'État et la dette publique,** in-8° de 16 p. » 75

—— **Mémoire de la commune de Syam,** à l'appui d'un pourvoi contre l'aménagement de ses forêts. In-8° de 64 pages. . 2.50

—— **Étude des forêts du Risoux,** faite sur la demande des communes propriétaires. In-8° de 88 pages et 3 planches. . 2.50

Kirwan (de). — **Les Conifères indigènes et exotiques,** traité pratique des arbres verts ou résineux, 2 vol. in-18 ensemble de 624 pages et 106 gravures, cartonné . . . . . 5. »

Levavasseur. — **Traité pratique du boisement et reboisement** des montagnes, landes et terrains incultes. In-8° de 56 pages. . . . . 1. »

Martinet. — **Considérations et recherches sur l'élagage des essences forestières.** 1 vol. in-12 de 180 pages et 41 figures. 1.50

Ribbe (de). — **Incendies de forêts** en Provence, leurs causes, leur histoire, moyens d'y remédier. In-8° de 140 pages. . 3. »

—— **Réponse à l'enquête sur les incendies des forêts des Maures.** In-8° de 92 pages. . . . . 2. »

Rousset. — **Études de maître Pierre sur l'agriculture et les forêts.** 1 vol. in-18 de 92 pages. . . . . 1. »

Thomas. — **Traité général de la culture et de l'exploitation des bois.** 2 vol. in-8°, ensemble de 1,076 pages. . . 10. »

Vaulot. — **Nouvelle méthode d'exploitation des futaies.** Broch. in-8° de 26 pages ou tableaux avec un plan. . . 1. »

—— **Tarifs homogènes** pour le cubage des bois sur pied. Broch. in-8° de 32 pages ou tableaux. . . . . 1. »

JOURNAUX AGRICOLES ET HORTICOLES

14e ANNÉE. — 1877

GAZETTE DU VILLAGE

Fondée par VICTOR BORIE

PARAISSANT TOUS LES DIMANCHES

Et formant chaque année un beau volume grand in-4° de 416 pages,
illustré de nombreuses gravures noires

UN AN : 6 FR. — SIX MOIS : 3 FR. 50

Les abonnements partent du 1er janvier, ou 1er juillet de chaque année

PRIX DE L'ABONNEMENT D'UN AN POUR L'ÉTRANGER

Pays de l'Union postale :

France,	Egypte,	Luxembourg,	Russie,	
Allemagne,	Espagne,	Norwège,	Serbie,	
Autriche,	Gde-Bretagne,	Pays-Bas,	Suède,	7 FR. 50
Belgique,	Grèce,	Portugal,	Suisse,	
Danemarck,	Italie,	Roumanie,	Turquie.	

États-Unis d'Amérique . . . . 9 , »

Pour les autres pays, le port en sus.

10 centimes le numéro

Ce journal, contenant 8 pages à deux colonnes, format des journaux littéraires illustrés, publie, chaque semaine, des articles ayant pour but de mettre à la portée de toutes les intelligences les notions élémentaires d'économie rurale, les meilleures méthodes de culture, les inventions nouvelles; de faire connaître les principales industries et les procédés employés par elles; et de tenir enfin les lecteurs au courant de tout ce qui se passe d'intéressant dans le monde industriel et agricole.

Une partie du journal, consacrée aux *lectures du soir*, contient un roman choisi avec la sollicitude la plus scrupuleuse.

Instruire et moraliser sans ennui, tel est le programme de la *Gazette du village.*

La librairie agricole possède des collections de la *Gazette du Village* de 1864 à 1876, à l'exception des années 1868 et 1869 qui sont épuisées.

Prix de la collection de 1864 à 1876 (moins les années 1868 et 1869 épuisées) 10 vol. in-4° illustrés de nombreuses figures . . . 40 francs.

Envoi franco d'un *Numéro spécimen* à toute personne qui en fait la demande.

49ᵉ ANNÉE. — 1877

REVUE HORTICOLE

JOURNAL D'HORTICULTURE PRATIQUE

FONDÉE EN 1829 PAR LES AUTEURS DU BON JARDINIER

Paraissant le 1ᵉʳ et le 16 de chaque mois par livraison grand in-8° de 24 pages à deux colonnes, avec une planche coloriée, et des gravures sur bois; et formant chaque année un beau volume in-8° de 480 pages avec 24 planches coloriées et de nombreuses gravures noires.

Rédacteur en chef : E.-A. CARRIÈRE

Chef des pépinières au Muséum d'histoire naturelle.

PRINCIPAUX COLLABORATEURS : MM. André, Aurange, Baltet, Barillet, Batise, Boncenne, Briot, Buchetet, Carbou, Castillon (cᵗᵉ de), Chabaud, Clémenceau, Daveau, Devansaye (de la), Delchevalerie, Du Breuil, Dumas, Dupuis, Ermens, Faudrin, Gagnaire, Glady, Gumbleton, Hardy, des Héberts, Hélye, Hénon, Houllet, Kolb, Jamain, Lachaume, de Lambertye, Lambin, Lhérault, Loury, Margotin, Martins, Mayer de Jouhe, de Mortillet, Nardy, Naudin, Neumann, d'Ounous, Palmer, Pulliat, Quetier, Rafarin, Rivière, Roué, Sisley, Ternisien, Thomas, Truffaut, Vallerand, Vavin, Verlot, Vilmorin, Weber, etc.

UN AN : **20** fr. — SIX MOIS : **10** fr. **50**

Les abonnements partent du 1ᵉʳ janvier, ou du 1ᵉʳ juillet

PRIX DE L'ABONNEMENT D'UN AN POUR L'ÉTRANGER

Pays de l'Union postale. 20 fr. | États-Unis d'Amérique. 23 fr.

Pour les autres pays, le port en sus.

La librairie agricole ne possède pas de collection complète (1829 à 1876) de la *Revue horticole*; mais elle possède des collections depuis 1861 (à l'exception de l'année 1870-71 épuisée) c'est-à-dire depuis que la *Revue* est publiée dans le format actuel, gr. in-8°.

Prix de la collection de 1861 à 1876 (moins l'année 1870-71 épuisée) 14 vol. . . . . 280 francs.

Envoi franco d'un *Numéro spécimen* à toute personne qui en fait la demande.

41ᵉ ANNÉE. — 1877

JOURNAL

D'AGRICULTURE PRATIQUE

MONITEUR DES COMICES, DES PROPRIÉTAIRES ET DES FERMIERS

(Seconde partie de la *Maison rustique du dix-neuvième siècle*)

Fondé en 1837 par Alexandre Bixio

Paraissant toutes les semaines par livraisons de 48 pages, grand in-8° à deux colonnes, et formant chaque année deux beaux volumes in-8° ensemble de 1900 pages avec plus de 250 gravures noires.

Rédacteur en chef : E. LECOUTEUX

Propriétaire-Agriculteur

MEMBRE DE LA SOCIÉTÉ CENTRALE D'AGRICULTURE
PROFESSEUR D'ÉCONOMIE RURALE A L'INSTITUT NATIONAL AGRONOMIQUE
SECRÉTAIRE GÉNÉRAL DE LA SOCIÉTÉ DES AGRICULTEURS DE FRANCE
MEMBRE HONORAIRE DE LA SOCIÉTÉ ROYALE D'AGRICULTURE D'ANGLETERRE.

Secrétaire de la rédaction : *A. de Céris.*

PRINCIPAUX COLLABORATEURS : MM. Bouley, Boussingault, Sainte-Claire-Deville, Drouyn de Lhuys, Duchartre, Dumas, Hervé-Mangon, Michel Chevalier, Naudin, Pasteur, membres de l'Institut ;

MM. de Béhague, Borie, Bouchardat, de Dampierre, Gayot, Heuzé, Magne, Moll, Nadault de Buffon, Reynal, de Vibraye, de Vogüe, membres de la Société centrale d'agriculture.

MM. Bobierre, Chazely, Convert, Damourette, Grandeau, de La Blanchère, Victor Lefranc, Eug. Marie, Marié-Davy, Mayre, Millot, Mouillefert, Is. Pierre, Rampont, Touaillon, de Vergnette-Lamotte, G. Ville, et un nombre considérable d'agriculteurs, de savants, d'économistes, d'agronomes de toutes les parties de la France et de l'étranger.

UN AN : 20 fr. — SIX MOIS : 10 fr. 50

Les abonnements partent du 1ᵉʳ janvier ou du 1ᵉʳ juillet

PRIX DE L'ABONNEMENT D'UN AN POUR L'ÉTRANGER.

Pays de l'Union postale. 20 fr. | **États-Unis-d'Amérique. 23 fr.**

Pour les autres pays, le port en sus.

La Librairie agricole possède encore quelques collections complètes du *Journal d'Agriculture pratique* (de 1837 à 1876).

Prix de la collection complète : 63 vol. . . . . 600 fr.

Envoi franco d'un *Numéro spécimen* à toute personne qui en fait la demande.

ENSEIGNEMENT PRIMAIRE AGRICOLE

Agriculture (*Petite école d'*) par P. Joigneaux, 1 vol. in-18 de 124 pages et 42 grav. cartonné toile 1.25

Agriculture (*Traité élémentaire et pratique d'*) par Laurençon. 2 vol. in-12 de 248 pages et 44 grav. 1.50

Alphabet et syllabaire, par Edm. Douay. In-12 de 64 pages et 25 grav. . . . . ».75

Arithmétique agricole, par Lefour. In-12 de 128 pages. . . ».75

Devoirs de l'homme envers les animaux, par J. Chalot. In-12 de 128 pages . . . . ».75

École des engrais chimiques, premières notions des agents de la fertilité, par Georges Ville. In-18 de 108 pages. . . . . . . 1. »

Grammaire française raisonnée, par Edm. Douay. In-12 de 128 pages. . . . . ».75

Histoire du grand Jacquet, métayer, par Méplain et Taisy. In-12, 144 pages . . . . ».75

Horticulture (*Cours élémentaire*), par Boncenne. 2 vol. in-12 ensemble de 310 pages et 85 gravures. 1.50

Jeudis de M. Dulaurier, par V. Borie. 2 vol. in-12 ensemble de 272 pages et 97 grav. 1.50

Lectures et dictées d'agriculture, par G. Heuzé. In-12, 128 pages. . . . . ».75

Lectures choisies pour la campagne, par Halphen. In-18, 106 pages . . . . ».50

Loisirs d'un instituteur, par Vidal. in-12, 128 pages. . . . ».75

Petit questionnaire agricole à l'usage des écoles primaires des pays de pâturage, par Ed. Teisserenc de Bort. 1 vol. in-18 de 192 pages et 16 gravures cartonné toile à l'anglaise 1.25

Petits entretiens sur la vie des champs, par P. Joigneaux, in-18 de 112 pages avec grav., cartonné. . . . . ».60

300 problèmes agricoles, par Lefour. In-18, 36 pages. . . . ».50

Huit tableaux muraux pour l'enseignement agricole.
1° Outils de main-d'œuvre ; — 2° Instruments d'extérieur de ferme ; — 3° Instruments d'intérieur de ferme ; — 4° Plantes alimentaires et industrielles ; — 5° Plantes fourragères ; — 6° Arbres fruitiers et forestiers ; — 7° Animaux domestiques ; — 8° Hygiène des campagnes . . . . 2. »

Chaque tableau se vend séparément. . . . . ».30

BIBLIOTHÈQUE AGRICOLE ET HORTICOLE

46 VOLUMES A 3 FR. 50

A. B. C. de l'agriculture pratique et chimique, par Perny de M***. 4e éd. 360 pages.

Agriculture et la population (l'), par L. de Lavergne. 472 pag.

Agriculture de la France méridionale, par Riondet. 484 pag.

Agriculture moderne (Lettres sur l'), par Liebig. 244 pages.

Alimentation rationnelle des animaux domestiques (Étude de l'), par Wolf, traduit de l'allemand par Damseaux, in-18 de 380 pages ou tableaux.

Bêtes à laine (Manuel de l'éleveur de), par Villeroy. 336 p., 54 grav.

Botanique populaire, par Lecoq. 408 pages, 215 grav.

Causeries sur l'agriculture et l'horticulture, par Joigneaux. 403 pages, 27 grav.

Champignons et Truffes, par J. Remy. 174 pages, 12 pl. coloriées.

Chimie agricole, par Is. Pierre. 2 vol. 752 pages, 22 grav.

Conseils aux jeunes femmes sur leur condition et leurs devoirs de mère, par Mme Millet-Robinet. 284 pages, 30 grav.

Culture améliorante (Principes de la) par Lecouteux. 368 pages.

Douze mois (les), Calendrier agricole, par V. Borie. 380 p., 80 gr.

Économie rurale de la France depuis 1789, par L. de Lavergne. 490 pages.

Économie rurale de l'Angleterre, de l'Écosse et de l'Irlande, par L. de Lavergne. 480 pages.

Économie rurale de la Belgique, par Laveleye. 304 pages.

Encyclopédie horticole, par Carrière. 550 pages.

Engrais chimiques, par Georges Ville, 2 vol.

Tome Ier : Entretiens de 1867, 4e édit. 1 vol. in-18 de 412 pages, 4 gr. et 2 planches.

— II : Les engrais chimiques, le fumier et le bétail, nouveaux entretiens agricoles 1874-1875, 1 vol. in-18 de 420 pages et deux tableaux in-folio.

Entretiens familiers sur l'horticulture, par Carrière, in-18 de 384 pages.

Irrigations (Manuel des), par Muller et Villeroy. 263 p. et 123 grav.

Jardinier multiplicateur (Guide pratique du), par Carrière. 410 pages, 85 grav.

Laiterie, Beurre et Fromages, par Villeroy. 392 pages, 59 gr.

Leçons élémentaires d'agriculture, par Masure. 2 vol.
> Tome Ier : Les plantes de grande culture, leur organisation et leur alimentation, 330 pages, 32 grav.
> — II : Vie aérienne et vie souterraine des plantes de grande culture, 477 pages, 20 grav.

Maladies du cheval (Traité des), par Bénion. In-18 de 340 pages et 25 gr.

Météorologie et physique agricoles, par Marié Davy. 400 pag., 53 grav.

Mouches et Vers, par Eug. Gayot. 248 pages, 33 grav.

Mouton (le), par Lefour. 392 pages, 76 grav.

Pêcher (Culture du), par Bengy-Puyvallée. 230 pages et 3 planches.

Plantes de terre de bruyère, par Ed. André. 388 p., 31 grav.

Porc (le), par Gustave Heuzé. 2e éd. 322 pages et 50 grav.

Poulailler (le), par Ch. Jacque. 360 pages et 117 grav.

Races canines (les), par Bénion. 260 pages et 12 grav.

Sportsman (Guide du), par Eug. Gayot. 376 pages et 12 grav.

Vers à soie (Conseils aux nouveaux éducateurs), par de Boullenois. 3me édit., in-8° de 248 pages.

Vigne (la), par Carrière. 396 pages et 122 grav.

Vigne (Culture de la) et vinification, par J. Guyot. 2e éd. 426 pages, 30 grav.

Vigne (la) et le Vin, par F. Chaverondier, 2e édit. 1 vol. in-18 de 60 pages et 38 gravures.

Vin (le), par de Vergnette-Lamotte. 402 pages, 31 grav. noires et 3 planches coloriées.

Voyage agricole en Russie, par L. de Fontenay, 1 vol. in-18 de 570 p.

Zootechnie (Traité de) ou Économie du bétail, par A. Sanson. 4 v.
> Tome Ier : Zootechnie générale : organisation, fonctions physiologiques et hygiène des animaux domestiques agricoles, 444 pages, 74 grav.
> — II : Zootechnie générale : Méthodes zootechniques, 354 pages, 12 grav.
> — III : Applications : cheval, âne, mulet, 364 pages, 18 grav.
> — IV : Applications : bœuf, mouton, chèvre, porc, 572 pages 89 grav.

BIBLIOTHÈQUE DU CULTIVATEUR

39 VOLUMES IN-18 A 1 FR. 25

Agriculteur commençant (Manuel de l'), par Schwerz. 332 p.

Animaux domestiques, par Lefour, 154 pages et 33 gravures.

Basse-cour, Pigeons et Lapins, par Mme Millet-Robinet. 5me édition. 180 pages, 26 grav.

Bêtes à cornes (Manuel de l'éleveur de), par Villeroy. 308 p. et 65 gr.

Calendrier du métayer, par Damourette. 180 pages.

Champs et les Prés (les), par Joigneaux. 154 pages.

Cheval (Achat du), par Gayot. 180 pages et 25 grav.

Cheval, Ane et Mulet, par Lefour. 180 pages et 136 grav.

Cheval percheron, par du Hays. 176 pages.

Chèvre (la), par Huard du Plessis. 164 pages et 42 grav.

Chimie du sol, par le Dr Sacc. 148 pages.

Chimie des végétaux, par le Dr Sacc. 220 pages.

Chimie des animaux, par le Dr Sacc. 154 pages.

Comptabilité et géométrie agricoles, par Lefour. 214 pages et 104 grav.

Comptabilité de la ferme, par Dubost et Pacout. 124 pages.

Culture générale et instruments aratoires, par Lefour. 174 pages et 135 grav.

Économie domestique, par Mme Millet-Robinet. 228 p. et 77 gr.

Engrais chimiques (Pratique des), par L. Mussa. 144 pages.

Engraissement du bœuf, par Vial. 180 pages et 12 grav.

Fermage (estimation, baux, etc.), par de Gasparin. 3e éd. 216 pages.

Fumures et des étendues en fourrages (formules des), par Gustave Heuzé. 2e édit. 72 pages.

Irrigations (Pratique des), par Vidalin. 180 pages, 22 grav.

Lapins, Lièvres et Léporidés, par Eug. Gayot. 216 pages; 15 gr.

Maïs-fourrage (Culture et ensilage du) et des autres fourrages verts, par E. Lecouteux. 144 pages et 13 grav.

Médecine vétérinaire (Notions usuelles de), par Sanson. 174 pages et 13 grav.

Métayage, par de Gasparin. 2e édition. 164 pages.

Moutons (les), par A. Sanson. 168 pages et 56 grav.

Noyer (le), sa culture, par Huard du Plessis. 175 pages et 45 grav.

Olivier (l'), par Riondet. 140 pages.

Pigeons, Dindons, Oies et Canards, par Pelletan, 180 p. et 20 gr.

Plantes oléagineuses (les), par G. Heuzé. 180 pages et 30 grav.

Porcherie (Manuel de la), par L. Léouzon. 168 pages et 38 grav.

Poules et Œufs, par E. Gayot. 216 pages et 40 grav.

Races bovines, par Dampierre. 2ᵉ édit. 192 pages et 28 grav.

Sol et Engrais, par Lefour. 176 pages et 54 grav.

Stations agronomiques et laboratoires agricoles, par L. Grandeau. 136 pages, 12 grav. et un tableau.

Tabac (le), sa culture, par Schlœsing et Grandeau. 114 pages.

Travaux des champs, par Victor Borie. 188 pages et 121 grav.

Vaches laitières (Choix des), par Magne. 144 pages et 39 grav.

BIBLIOTHÈQUE DU JARDINIER

20 VOLUMES IN-18 A 1 FR. 25

Arbres fruitiers. Taille et mise à fruit, par Puvis. 167 pages.

Arbres d'ornement de pleine terre, par Dupuis. 162 p., 40 gr.

Arbrisseaux et Arbustes d'ornement de pleine terre, par Dupuis. 122 pages et 25 grav.

Asperge. Culture, par Loisel. 108 pages et 8 grav.

Cactées, par Ch. Lemaire. 140 pages, 11 grav.

Champignon de couche (le), par J. Lachaume, 108 pages et 7 grav.

Conférences sur le jardinage et la culture des arbres fruitiers, par Joigneaux. 144 pages.

Conifères de pleine terre, par Dupuis. 156 pages et 47 grav.

Maraîcher bourgeois (Le), par P. Vialon, 128 pages.

Melon, Nouvelle méthode de le cultiver, par Loisel. 108 pag. et 7 gr.

Orchidées (les) par Delchevalerie. 134 pages, 32 grav.

Pelargonium (le), par Thibaut. 2ᵉ éd. 116 pages et 10 grav.

Pépinières (les), par Carrière. 134 pages et 29 grav.

Plantes bulbeuses, espèces, races et variétés, par Bossin. 2 vol. ensemble de 324 pages.

Plantes grasses autres que Cactées, par Ch. Lemaire. 136 p., 13 gr.,

Plantes de serre chaude et tempérée, par Delchevalerie. 156 pages, 9 grav.

Potager (le), jardin du cultivateur, par Naudin. 180 pag., 34 grav.

Roses, Pensées, Violettes, Primevères, Auricules, Balsamines, Pétunias, Pivoines, Verveines, par Marx-Lepelletier, 116 pages.

Osier (le), par Lachaume, 180 pages et 34 grav.

TABLE ALPHABÉTIQUE DES NOMS D'AUTEURS

<table>
<tr><td>

Peillard (Ch.), 10.
Pelletan, 10, 15.
Perny de M., 5, 15.
Perret (Michel), 15, 18.
Perrin de Grandpré, 18.
Personnat, 15.
Petermann, 13.
Petit (Th.), 13.
Pichat, 5.
Pierre (Isidore), 8, 13.
Planet (de), 21.
Poiteau, 21.
Ponce (J.), 6, 25.
Poupon, 18.
Préclaire, 25.
Puvis (A.), 25.

Quivogne, 18.

Rafarin, 25.
Remy (Jules), 25.
Ribbe (de), 26.
Ribeaucourt (de), 15.
Richard (du Cantal), 6, 10.
Riondet, 6, 8.

</td><td>

Roblin, 10 (*Voy. Kühn*).
Roche, 11.
Rohart, 8.
Romand, 17 (*Voy. Lurieu*).
Rondeau, 18.
Ronna, 13.
Roques, 25.
Rousset, 26.
Roux (J.-F.), 15.
Royer, 18.

Sacc, 13.
Saint-Aignan (de), 19.
Saint-Martin, 19.
Saintoin-Leroy, 19.
Saive (de), 11.
Sanson (André), 11.
Schlœsing, 6 (*Voy. Grandeau*).
Schwerz, 6.
Soffietti, 8.
Stockhardt, 13.

Taisy, 30.
Teisserenc de Bort, 6, 30.

</td><td>

Thibault, 25.
Thomas, 26.
Thory, 25.
Tranié, 21.
Vaulot, 26.
Vergnette-Lamotte, 15.
Vial, 11.
Vialon, 25.
Vias, 8.
Vidal, 30.
Vidalin, 21.
Vignotti, 21.
Ville (Georges), 8, 13, 19, 30.
Villeroy, 11, 15, 21 (*Voy. Muller*).
Vilmorin, 21.
Vilmorin-Andrieux, 25.
Vinas, 14 (*Voy. Giret*).
Viox (Camille), 19.
Warsage, 11.
Westerweller (H. de), 3.
Wolf, 11.
Zundel, 11.

</td></tr>
</table>

AVIS IMPORTANT

La Librairie Agricole, ne pouvant ouvrir un compte à toutes les personnes qui s'adressent à elle, est forcée de n'exécuter que les commandes accompagnées de leur paiement.

Toute commande de livres doit donc être accompagnée du montant de sa valeur et des **frais de port** quand l'envoi doit être expédié par la poste. Ajouter pour ces frais de port 0 fr. 25 au montant de toute commande inférieure à 2 fr. 50, et 10 % du montant de la commande au dessus de 2 fr. 50.

Nos clients peuvent payer leurs commandes par l'envoi de billets de banque ou timbres-poste, mandats-poste dont le talon sert de quittance, chèques ou mandats sur Paris, à l'ordre du *Directeur de la Librairie Agricole de la maison Rustique*.

Conditions spéciales offertes à nos abonnés.

Les abonnés du *Journal d'Agriculture pratique*, de la *Revue horticole*, ou de la *Gazette du Village* ont droit à une remise de 10 % sur tous les livres qu'ils prennent directement à Paris, à la Librairie agricole, — ou à l'envoi franco, si ces livres doivent être expédiés en province ou dans un pays faisant partie de *l'Union postale*.

Pour les abonnés de France seulement, les commandes de plus de 50 francs sont expédiées *franco* et sous déduction d'une remise de *dix pour cent*.

La commande doit toujours être accompagnée du montant de sa valeur.

On ne reçoit que les lettres affranchies.

TYPOGRAPHIE FIRMIN-DIDOT. — MESNIL (EURE).

www.ingramcontent.com/pod-product-compliance
Ingram Content Group UK Ltd.
Pitfield, Milton Keynes, MK11 3LW, UK
UKHW021936070726
13614UKWH00001B/458